KB213295

김재언 저

# 분산전원 배전계통 전압해석

**Voltage Analysis for Distribution Systems with Distributed Generation**

분산전원의 개념과 분산전원의 전력계통도입에 대한 시각, 분산전원의 종류별 특성, 분산전원이 전력계통운용에 미치는 영향을 기술적 측면과 사회·경제적 측면으로 나누어 조명하고, 분산전원이 도입된 배전계통의 운용체계, 분산전원의 정적 모델링 방법, 도입배전계통의 전압조정체계분석 및 전압조정기 모델링 방법, 분산전원이 도입된 배전계통의 조류해석방법, 분산전원도입대상 배전계통의 모델링 및 전압해석, 분산전원이 배전계통의 전압변동에 미치는 영향, 분산전원의 출력과 선로손실관계, 분산전원의 연계 가능용량산출방법, 분산전원 도입한계량 초과 시 배전계통운용방안 등을 소개하였다.

태양광발전, 열병합발전, 연료전지발전, 풍력발전과 같은 분산전원은 기존의 전원에 비하여 소규모로 주로 배전계통에 그 도입이 이루어지고 있으며, 그 소유와 운영의 주체 관점에서 보면, 그 대부분이 비전기사업자의 발전설비로서 전기사업자가 그의 계획, 관리 및 운용을 집중적으로 수행할 수 있는 기존의 전원과는 그 성격이 다르다. 또한, 이들 분산전원은 전력계통과는 별도로 독립적으로 운용할 수도 있지만, 전력계통과 연결된 상태에서 운전함으로써 수용가 측면에서는 보다 안정한 전력의 확보, 전기사업자 측면에서는 전력설비의 효율적인 활용, 전체적인 측면에서는 자원의 효율적인 활용 등의 이점을 얻을 수 있다.

분산전원이 도입된 배전계통은 기존의 부하만이 존재하는 배전계통과는 달리 부하와 전원이 혼재되어 운용되는 형태로 되기 때문에 기존 배전계통의 전력품질에 좋지 않은 영향을 끼치게 된다. 특히 21세기는 정보화 사회가 본격적으로 진전되기 때문에 전력품질에 대한 일반수용가의 반응은 상당히 민감하다. 따라서 이제 바야흐로 분산전원의 보급이 확대되고 있는 현 시점에서 전력품질을 유지 내지는 향상시키면서 분산전원을 기존의 배전계통에 보급해 나아갈 수 있는 연계규정마련과 관련 기술의 개발은 상당히 중요하다. 이와 같은 인식은 국내외적으로 공감되어 분산전원 연계규정으로서는 북미의 IEEE 1547 규정, 영국 EA(Electricity Association)의 G59, G75, G77, G83 규정, 독일

VDEW(Verband Der Elektrizitatswirtschaft : German Electricity Association)의 연계규정 및 일본 통상산업성 에너지청 공익사업부 전력기술과의 연계규정 등이 발표 및 제정되어 운용되고 있다. 국내의 경우 연계규정이 2005년 4월 19일 한전 배전처의 의하여 최초로 제정되었고, 그 이후 수차례의 개정을 거쳐 2010년 6월 4일 개정된 연계규정안이 마련되어 적용되고 있다.

연계규정에 언급되어 대부분의 내용은 전력품질과 보호협조로 요약될 수 있는데, 이는 분산전원 설치자가 전력회사의 배전계통에 연계신청을 할 경우 주 연계검토대상이 되기 때문이다. 전력품질과 보호협조에 대한 검토를 위해서는 연계대상 배전계통과 도입되는 분산전원의 관련된 데이터가 필요하며, 이 데이터를 이용하여 해석할 수 있는 전문지식과 전문가가 필요하다. 그러나 현재 국내 산학연 및 관련기관에서 이를 정확히 해석/적용할만한 참고자료 및 서적이 거의 없는 관계로 본 저자는 전력품질 중에서도 가장 중요한 전압해석방법을 전기공학을 공부하는 학부생, 대학원생 및 전문가에게 제공함으로써 국내 분산전원 배전계통관련 인력양성과 분산전원의 원활한 도입운용에 이바지하고자 한다.

2012년 6월
저자 김재언

# CONTENTS

chapter 13 | 분산전원 도입한계량 초과시 운용방안

〈부록〉

# Chapter 01

# 서론

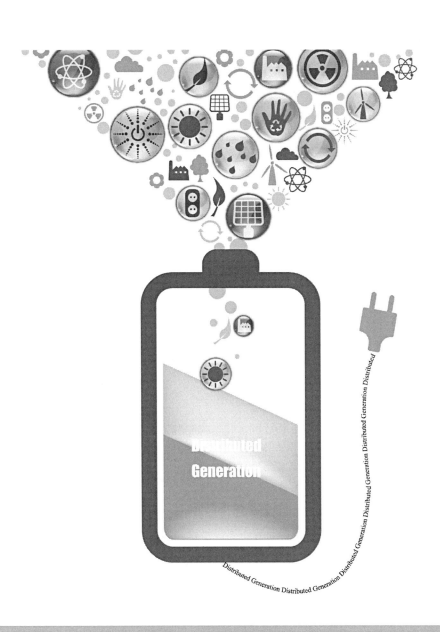

경제성장과 산업·사회생활의 고도화에 따라서 증대하는 전력수요에 대해서, 에너지 자원량과 지구환경의 제약이 거론되고 있는 최근의 에너지를 둘러싼 심각한 상황인식을 고려하여 전력수급의 장기적 안정을 확보하기 위해서는 전력수급양면에 걸친 대책이 강화되어야 한다는 것이 현재 관련 전문가들의 공통된 의견이다. 따라서 종래의 전력공급 은 대규모전원의 개발을 중심으로 수요에 대응해 왔지만, 앞으로는 수요의 관리·제어 를 고려한 부하관리 또는 수요관리를 적극적으로 추진해가고, 나아가 다양한 에너지원 의 효율적 활용을 목표로 한 분산전원의 개발과 도입을 적극적으로 추진하는 등의 폭넓 은 정책을 수립하거나 시행될 필요가 있다.

이와 같은 상황 하에 현재 배전계통에 소형열병합발전, 태양광발전, 풍력발전, 연료전 지발전, 전지전력저장시스템 등 소용량의 분산배치가 가능한 발전설비 즉, 분산전원 (Dispersed Storage and Generation 또는 Distributed Generation)의 도입이 선진국을 중심으로 추진되고 있다.[1~3] 분산전원은 그 소유와 운영주체의 관점에서 전기사업자발 전설비와 비전기사업자발전설비로 나눌 수 있으나, 현재 보급되고 있는 대부분은 비전 기사업자발전설비로 되어 있다. 특히, 비전기사업자발전설비의 경우는, 전기사업자가 그의 계획·관리·운용을 집중적으로 수행하는 기존의 전원과는 그 성격이 다르다는 점 에 주의해야 한다.

분산전원의 개발과 도입에 대해서는, 에너지절약, 에너지 Security의 향상, $CO_2$ 배출 대책 등의 환경측면에서 태양광 등의 신재생에너지에 의한 발전, 폐기물처리의 배열을 이용하는 발전 및 열병합발전 등의 전원도입이 기대되고 있으며, 특히 대도시권에 있어 서는 전력수급의 지역 간 불평형 및 전력수급의 핍박을 완화하는 등 전력시스템으로서 의 효과도 기대된다.

한편, 이들 분산전원은, 전력계통과 연계 운전함에 의해 보다 안정한 전원을 얻을 수 있음과 동시에 그 잉여전력을 계통에 공급함으로써 다양한 에너지원의 효율적 활용도 가능하다는 점에서 기존의 배전계통과 연계를 취하는 형태로 도입·보급되는 것이 바람 직하다고 하는 견해가 지배적이다.

본서에서는 분산전원이 도입된 배전계통의 전압해석방법을 제시하는 것으로 하고, 이 를 위해 먼저 제 2장은 분산전원의 개념과 분산전원의 전력계통도입에 대한 시각, 제

3장은 분산전원의 종류별 특성, 제 4장은 분산전원이 전력계통운용에 미치는 영향을 기술적 측면과 사회·경제적 측면으로 나누어 조명하고, 제 5장은 분산전원이 도입된 전계통의 운용체계, 제 6장은 분산전원의 도입계통해석용 정적 모델링 방법, 제 7장은 도입배전계통의 전압조정체계분석 및 전압조정기 모델링 방법, 제 8장은 분산전원이 도입된 배전계통의 조류해석방법, 제 9장은 분산전원도입대상 배전계통의 모델링 및 전압해석, 제 10장은 분산전원이 배전계통의 전압변동에 미치는 영향, 제 11장은 분산전원의 출력과 선로손실관계, 제 12장은 분산전원의 연계가능용량산출방법, 제13장에서는 분산전원 도입한계량 초과 시 배전계통운용방안을 각각 소개하기로 한다.

# Chapter 02

# 분산전원의 개념과 위상

본 장에서는 분산전원의 정확한 정의와 개념, 분산전원의 배전계통도입에 대한 현재의 시각과 장래의 전망을 살펴보면서 과연 분산전원이 배전계통에 연계하는 형태로 개발되고 도입되어야 할 필요성과 타당성에 대하여 알아보기로 한다.

## 01. 분산전원의 개념 및 정의

분산전원이란 기존의 전력회사의 대규모 집중형 전원과는 달리 소규모로서 소비지 근방에 분산배치가 가능한 전원을 말한다. 이의 개념은 필자가 조사한 바에 따르면 1972년 IEEE PES Winter Meeting에서 발표된 "Fuel Cells for Dispersed Power Generation"(저자 : W.J. Lueckel 외 2인)의 논문에서 Dispersed Power Generation의 명칭으로, 1978년 7월 EPRI 보고서(RP-917-1) "The Impact on Transmission Requirements of Dispersed Storage and Generation" (저자 : S.T. Lee외 2인)에서 Dispersed Storage and Generation의 명칭으로, 그리고 그 이후 현재까지 논문 등의 문헌에서는 Dispersed Storage, Dispersed Generation, Decentralized Generating Devices, Distribution System Generator, Distributed Generation, Local Generating Facilities 등의 다양한 명칭으로 언급되고 있다. 한편, 일본에서는 分散型電源 또는 分散電源 등의 명칭을 사용하고 있다. 따라서 광의의 의미에서의 분산전원은 저장설비를 포함하며, 그 종류는 발전기술, 발전설비의 형태, 이용형태, 소유 및 운용권한, 계통과의 연계운전, 역조류의 유무에 따라 다음의 표와 같이 분류될 수 있다.

표 2.1  **분산전원의 분류**

| 분류기준 | 분산전원의 형태 |
|---|---|
| 발전기술 | 가스터어빈, 가스엔진, 디젤엔진, 소수력, 연료전지, 태양광, 풍력, 저장(2차 전지, Fly-wheel, 초전도) |
| 발전설비 | 회전기(동기기, 유도기), 정지기 |
| 이용형태 | 발전전용, 열병합발전, 저장 및 발전 |
| 소유 및 운용권한 | 전기사업자용, 비전기사업자용 |
| 계통과의 연계운전 | 연계운전형, 단독운전형 |
| 역조류의 유무 | 역송가능형, 역송불가능형 |

## 02 분산전원의 위상

제1절에서 그 개념 및 정의가 내려진 분산전원이 그림 2.1과 같이 기존의 배전계통에 연계하는 형태로 도입될 경우, 이에 대한 현재의 시각과 장래의 전망을 분석해 보기로 한다.

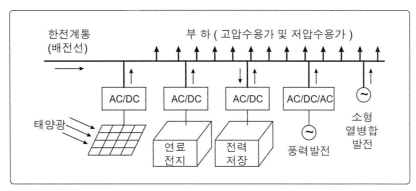

그림 2.1 분산전원이 도입된 배전계통

### 01. 현재의 시각

종래, 전력시스템은 수요의 증가에 대해 전원의 대규모화로 대응해 왔지만, 최근 들어 에너지·환경문제와 더불어 대규모전원의 입지확보 및 송전선의 루우트 확보가 어려워져 가고 있어 장기적 전력수급의 안정성 확보에 불확실성이 예상된다는 것이 일반론이다. 이러한 상황에서 분산전원의 배전계통연계·도입에 대한 긍정적인 시각으로서는

- 대규모전원의 보완(전원계획상의 유연성)
- 비교적 환경부하가 적은 에너지원의 이용
- 다양한 에너지원의 효율적 이용
- 배열이용에 의한 에너지효율의 향상(열병합, 연료전지 등)

등을 생각할 수 있으며, 다른 한편 부정적인 시각으로서는

- 소용량의 전원
- 불안정 전원(태양광, 풍력 등)
- 비경제성
- 기존 계통의 전력품질 및 신뢰도의 저하
- 계통운용상의 문제(보호협조, 안전, 보안)

등이 열거될 수 있다. 특히, 부정적인 시각의 비경제성을 살펴보면, 일반용발전의 kWh 당 발전단가(원자력 4.1원, 유연탄 49.4원, 무연탄 75.49원, 유류 268.4원, LNG 154.3원, 이상 2012년 6월 전력거래소 자료)에 대해 태양광 711원, 풍력 107원, 연료전지 300원, 수력 84원(2009년 에너지관리공단) 등과 같다. 또한, 계통운용상의 문제에 대해서는 비전기사업자의 분산전원의 도입 시 그 도입계획, 운용, 제어에 대한 계통운영자의 권한이 없기 때문에 어떠한 기술로 대처해 나갈 것인가 하는 난제를 예로서 들을 수 있다.

## 02. 장래의 전망

비전기사업자의 분산전원이 주류를 이루고 있는 현재의 시점에서는 긍정적인 시각보다는 부정적인 시각이 더 강하게 어필될 수 있는 것 같이 보이지만, 전기사업자의 분산전원을 자사의 배전계통에 전략적인 도입을 꾀한다면 대규모전원이 제공할 수 없는 장점 즉, 송배전설비의 강화 및 투자비용의 증가억제 및 지연, 계통의 신뢰성 개선, 효율적 설비운용, 수용가 서비스의 향상 등을 얻을 수 있으며, 장차 전력시장의 개방에 대비한 발전시장부문에서의 경쟁력을 확보하는데 도움이 될 수 있다.

전략적 도입의 한 예로서, 자사의 어느 배전계통의 국부적 피크부하로 선로 신·증설이 예상되는 배전선로에 피크부하커트용의 분산 전원을 도입·운용함으로써 송배전설비강화에 소요되는 투자비용의 절감과 지연이 가능하다는 점, 신설 송배전설비의 입지확보에 대한 어려움의 회피 등을 들 수 있다. 실제적으로, 대규모전원의 원격화에 따른 송배전설비의 강화에 투자되는 비용은 점차적으로 증가되고 있는 실정이다. 미국의 Pacific Gas and Electric Company의 경우, 발전설비 $1에 대한 송배전설비의 투자비용이 종전에는 25센트이었던 것이 1993년 $1.50으로 상승된 것으로 보고되고 있으며, 우리나라의 경우도 1970년대는 발전설비 100원에 대한 송배전설비의 투자비가 43원이었던 것이 1980년대에는 평균 46원, 1990년대에는 59원으로 상승되어 가고 있다. 차후, 정보화 사회에의 진전 등으로 인해 계통의 안정도 및 고품질의 전력 서비스가 크게 요구됨에 따라 이 분야에 투자되는 비용은 계속 증가되어 갈 것으로 관련전문가들은 보고 있다.

한편, 고압수용가(상업용 또는 산업용 수용가)의 구내 등에 전력회사소유의 분산 전원을 설치하여 고도의 운용기술을 적용함으로써 계통의 순간 및 사고 정전 시에도 신뢰성 있는 전력 서비스를 제공할 수 있는 방법도 고려할 수 있다.

따라서, 분산전원의 적용기술개발의 확립을 전제로 하여 상기의 점들을 고려한다면, 주어진 수요에 대해 최소발전비용을 목적함수로 하는 기존의 전원계획의 관점에서 탈피하여 분산전원의 송배전능력강화와 수요관리에 기여하는 비용효과를 정량화하는 bottom-up방식의 경제성 평가기법을 개발할 필요가 있다. 미국의 EPRI에서는 이러한 평가기법을 개발하여 동일한 가스엔진(1.1MW)을 사용할 경우, 중앙집중식발전소는 발전원가가 약 $70/MWh인데 비해, 분산전원의 순원가(총비용-편익)는 약 $20/MWh(best case) 및 약 $40/MWh(worst case)인 것으로 보고되고 있으며, 또, 2000년에 실용화도입이 가능한 연료전지에 대해서도 분석을 수행하였는데, 전술의 결과와 거의 비슷한 결과를 얻었다고 한다.

그러므로 다각적인 측면에서 볼 때, 전력회사가 다수의 분산전원을 그 적용기술의 개발과 더불어 배전계통에 전략적으로 도입하게 될 가능성이 높으며, 그렇게 될 경우 장래의 배전계통은 기존과는 다른 새로운 모습으로 탈바꿈하여 등장하게 될 것이다.

# Chapter 03

# 분산전원의 종류별 특성분석

## 01. 태양광 발전 시스템

### 01. 기본 구성과 기능

계통연계형 태양광발전설비의 기본 구성은 그림 3.1과 같다.

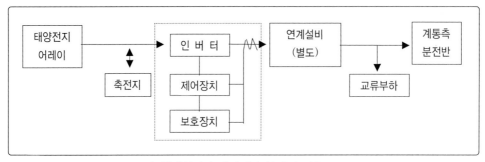

a) 연계설비와 제어기가 분리된 경우

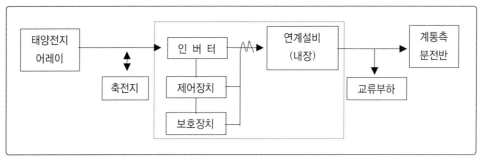

b) 연계설비가 제어기에 포함된 경우

**그림 3.1   계통연계형 태양광발전설비의 기본구성**

태양광발전설비의 제어기(Power Conditioner라고도 함)는 크게 직류를 교류로 변환하는 인버터와, 이 인버터와 계통과의 인터페이스에 필요한 연계설비로 구성된다. 인버터는 태양전지어레이에서 발전된 직류전력을 교류전력으로 변환하는 장치이며, 연계설비는 계통연계 보호장치(보호계전장치, 차단기, 개폐기) + 변압기 + 측정설비 + 보상장치(필터, 역률보상장치 등) 등으로 구성되어 인버터와 계통과의 병렬운전을 안전하게 수행하게 한다. 축전지의 유무는 태양광발전장치가 계통정전 시에 독립적으로 운전을 수행할 것인가 아닌가의 여부에 따라 결정된다.

## 02. 인버터

인버터는 직류를 교류로 변환하여 계통과 병렬운전을 수행하는 데 필요한 주파수, 전압, 전류, 위상, 유효전력, 무효전력, 기동정지, 동기, 출력의 품질(전압변동, 고조파)의 제어기능을 기본적으로 갖추어야 한다. 이들의 기능을 실현하기 위한 인버터의 종류는, 전류(commutation)방식에 따라 자여식과 타여식, 직류회로의 전원특성에 따라 전압형과 전류형, 출력의 제어방식에 따라 전압제어형과 전류제어형, 부하측(연계계통)과의 절연방식에 따라 상용주파절연방식, 고주파절연방식, 트랜스리스 무변압기방식으로 분류된다.

전압제어형의 경우는 제어대상이 출력측의 전압의 크기와 위상으로 되어 있어, 과전류 또는 고장전류의 억제에는 불리하나 독립적으로 스스로 운전이 가능하므로, 설치수용가가 무정전 전원공급(UPS)기능의 독립운전형을 요구할 경우에 유리하다. 한편, 전류제어형의 경우는 제어대상이 전류의 크기와 위상으로 되어 있어, 과전류 또는 고장전류의 억제에 유리하나 수용가의 부하만을 감당하여 독립운전하는 경우에는 불리하다.

**표 3.1 태양광발전용 계통연계형 인버터의 종류**

| | 회로 구성 | 개 요 |
|---|---|---|
| 상용주파<br>변압기<br>절연방식 | PV 어레이 — DC/AC — ⊃⊂ | 태양전지의 직류출력을 상용주파의 교류로 변환한 후, 변압기로 절연한다. |
| 고주파<br>변압기<br>절연방식 | PV 어레이 — DC/AC — ⊃⊂ — AC/DC — DC/AC | 태양전지의 직류출력을 고주파의 교류로 변환한 후, 소형의 고주파변압기로 절연한다. 그후, 직류로 변환한 후 다시 상용주파의 교류로 변환한다. |
| 무변압기<br>방식 | PV 어레이 — DC/DC — DC/AC | 태양전지의 직류출력을 DC/DC 컨버터로 승압 후, 인버터로 상용주파의 교류로 변환한다. |

상용주파절연방식의 경우, PWM 인버터를 이용해서 상용주파교류를 만들어 공급하고, 상용주파의 변압기를 이용해서 절연과 전압변환을 수행하도록 되어 있다. 내뢰성 및 노이즈커트 특성이 우수하지만, 중량과 부피가 크다는 단점이 있다. 고주파절연방식의

경우는 소형경량으로 되는 이점이 있지만, 회로가 복잡하게 구성되는 단점이 있다. 트랜 스리스방식은 소형경량과 저가격에 이점이 있고 또한 신뢰성도 높지만 상용전원과 비절 연의 상태로 되어 있어 직류전류유출에 대한 검출기능을 갖추어야 한다.

한편, 인버터는 상기의 기본기능이외에 갖추어야 할 기능으로서는

- 기후조건에 따라서 변동하는 태양전지의 출력을 가능한 한 최대로 활용하기 위한 자동운전정지기능과 최대전력추종제어기능
- 계통보호를 위한 단독운전방지기능과 자동전압조정기능
- 계통 및 인버터에 이상이 발생하였을 시, 계통으로부터 인버터를 안전하게 분리 시켜 정지시키는 기능

등이 있으며, 하기에 이들 기능들에 대해 간단히 기술한다.

## ◎ 자동운전정지기능

인버터는 해돋이가 시작됨에 따라 일사강도가 점점 증대해 가면 태양전지의 출력을 자동감시하여 운전을 자동적으로 개시하게 된다. 이때 구름이나 비등의 일기조건이 좋 지 않은 경우는 운전대기 상태로 하며, 일몰시에는 운전을 정지하도록 하게 된다.

## ◎ 최대출력추종제어

태양전지의 출력은 일사강도와 태양전지표면온도에 따라 변동하게 되는데, 이들의 변 동에 따라서 태양전지의 동작점이 최대출력을 내도록 하는 것을 최대출력추종(Maximum Power Point Tracking)제어라고 한다. 즉, 인버터의 직류동작전압을 일정시간간격으로 약간 변동시켜 그 때의 태양전지출력전력을 계측하고 변동전후의 값을 비교하여 전력을 최대로 하는 방향으로 인버터의 직류전압을 변화시킨다.

## ◎ 단독운전방지기능

태양광발전시스템이 계통에 연계하여 운전하고 있는 상태에서 어떤 원인으로 계통전 원 측과 분리된 경우, 계통 측의 부하가 인버터의 출력전력과 거의 동일할 경우에는 인

버터의 출력전압은 변화하지 않는 조건으로 되어 버리기 때문에 전압 및 주파수계전기로서는 계통 측의 정전상태를 감지해 낼 수 없게 된다. 이 때문에 계속해서 태양광발전 시스템으로부터 계통 측으로 전력을 공급할 가능성이 있으며, 이와 같은 상태의 운전을 "단독운전"이라고 정의한다. 단독운전이 발생하게 되면, 배전계통의 보수점검자에게 감전위험을 초래하게 되기 때문에 어떻게 하든지 인버터를 정지시킬 필요가 있다. 단독운전 상태에서는 전술과 같이 전압계전기(OVR, UVR), 주파수계전기(OFR, UFR)로는 보호 불가능하므로 단독운전 상태를 검지하여 인버터를 안전하게 정지시킬 단독운전방지 대책을 갖추어야 한다. 현재까지 알려진 대책으로서는 수동적 방식과 능동적방식의 2방식이 제안되어 있다. 수동적방식이란, 연계운전에서 단독운전으로 이행시의 전압파형 및 위상 등의 변화를 감지하여 인버터를 정지시키는 방식을 말하며, 능동적 방식이란, 항상 인버터에 변동요인을 인위적으로 주어서 연계운전 시에는 그 변동요인이 출력에 나타나지 않고, 단독운전 시에는 이상이 나타나도록 하여 그것을 감지하여 인버터를 정지시키는 방식을 말한다. 수동적 방식에는 전압위상도약검출방식, 제3고조파검출방식, 주파수변화율검출방식이 있으며, 검출시한은 0.5초 이내 유지시간은 5초~10초 정도이다. 능동적 방식에는 주파수쉬프트방식, 유효전력변동방식, 무효전력변동방식, 부하변동방식 등이 있다. 검출시한은 0.5초~1초 정도이다.

## ◎ 자동전압조정기능

계통연계운전 시 역조류운전을 수행할 경우, 수전점(연계점)의 전압이 상승하여 전력회사의 전압적정운전범위를 벗어나게 될 가능성이 있다. 이에 대한 방지대책으로서 자동전압조정기능을 갖게 하여 전압의 상승을 억제할 필요가 있다. 이의 제어방법에는 진상무효전력제어와 출력제어의 2방식이 고려될 수 있다.

## ◎ 독립운전기능

계통과의 연계운전 상태에서 계통의 정전을 감지하여 계통과 분리된 상태에서 자기부하만에 정전압 정주파수의 전력을 공급하는 기능을 말한다. 이 경우는 축전지를 갖는 경우와 갖지 않는 경우로 구분할 수 있는데, 대부분이 시스템의 신뢰성상 축전지를 갖는 구조로 하는 경우가 많다.

## 03. 연계설비

기존의 전력계통과 분산전원을 연결하여 운전하는 데 필요한 인터페이스설비로서, 계통연계보호장치(보호계전장치, 차단기, 개폐기), 변압기(전력변환장치의 경우, 직류의 교류측에로의 유출방지), 품질보상장치(필터, 역률보상장치), 측정설비(전압, 전류, 주파수, 전력, 전력량)로서 구성된다. 기계적인 차단점으로서는 수전점(또는 연계점), 발전설비출력단, 발전설비연락지점, 모선연락지점 등을 고려해야 한다.

계통연계보호장치는 분산전원의 고장 또는 계통의 사고 시, 사고의 신속한 제거와 사고범위의 국한화 등을 목적으로 설치하는 보호장치이다. 분산전원이 없는 수용가구내의 지락/단락사고에 따라 전력계통으로부터 유입하는 고장전류는 분산전원의 유무에 관계없이 발생하므로, 이에 대한 보호장치는 기존의 수용가에 설치되어 있다는 점을 고려해서, 계통연계보호장치에 이를 포함 또는 제외할 수도 있다.

일반적으로 소용량 인버터의 경우에는 내장되어 있지만, 경우에 따라서는 별도로 설치되어 있는 경우도 고려될 수 있다. 역조류가 있는 저압연계의 경우에는, 과전압계전기(OVR), 부족전압계전기(UVR), 주파수상승계전기(OFR), 주파수저하계전기(UFR)의 설치가 필수적이다. 또한 계통측 및 내부의 지락 및 단락사고시의 경우 과전류요소의 누전차단기로서 대체할 수 있다. 그리고 단독운전방지대책의 연계보호장치도 별도로 구성하여야 할 필요가 있으며, 이는 인버터내장형의 타입도 고려될 수 있다.

절연변압기는 만일의 사고 시 태양광발전장치로부터 계통측으로 직류가 유출될 수 있는 가능성을 막기 위하여 인버터의 출력과 계통측 사이에 설치하도록 해야 한다. 이 변압기는 일반적으로 인버터에 내장되어 있는 경우가 대분이다. 이는 인버터의 회로방식, 즉 상용주파변압기절연방식, 고주파변압기절연방식, 트랜스리스(무변압기)방식에 의해 구분될 수 있으며, 특히 트랜스리스방식의 경우는 출력측에 직류유출을 감지할 수 있는 장치를 두어 유출시 이를 차단할 수 있도록 해야 한다.

품질보상장치에는 수전점의 역률을 조정하기 위한 역률보상장치, 장치로부터 유출되는 고조파전류를 억제하기 위한 고조파전류억제장치(필터) 등이 고려될 수 있으며, 이들의 기능은 인버터내장형으로 할 수도 있다.

측정설비로서는 인버터의 제어에 필요한 피드백 요소인 전압, 전류, 주파수 등을 측정할 수 있는 설비로 이들은 보안감시용으로도 필요하다. 또한 역조류가 있는 경우는 전력회사와의 전력요금산정에 필요한 유효전력량계 및 무효전력량계를 설치할 필요가 있다.

## 02. 풍력발전 시스템

### 01. 기본구성과 기능

풍력발전기의 형태에 따라 농형 유도발전기, 권선형 유도발전기, 일반 권선형 동기발전기, 영구자석여자 동기발전기로 구별되며, 이들의 기본구성은 그림 3.2, 3.3, 3.4, 3.5와 같으며, 그 특징은 다음과 같다.

① 농형 유도발전기 : 구조는 간단하나, 출력특성상 운전의 폭이 매우 좁다.

② 권선형 유도발전기 : 가변속 정주파수 운전이 가능하고, 회전자 회로를 통한 여자제어로 운전영역의 확장이 가능하다. 발전기 자체의 한정된 출력비(출력/무게 : kW/kg) 때문에 부피가 크고, 기어가 필요하기 때문에 발전기 지지대 등 튼튼한 하부구조가 필요하다.

③ 일반 권선형 동기발전기 : 가변속 정전압 운전이 가능하고, 전력변환장치에 의한 정전압 정주파수 변환이 가능하므로 풍력터빈선택의 폭이 넓은 편이다. 다극기 제작에 의한 기어 없는 형태의 발전기가 가능하고, 높은 효율과 역율을 나타내고 있다.

④ 영구자석여자 동기발전기 : 새로운 영구자석 재료와 설계기술의 발달로 높은 출력밀도를 가지는 영구자석여자 동기기가 산업의 전반에 적용되고 있는데 이를 풍력발전에 적용 시 다음과 같은 장점이 있다.
  • 넓은 운전범위와 고효율
  • 발전기의 고출력비(kW/kg)

- 경량화된 발전기와 기어 없는 구조에 의한 하부구조의 경량화
- 유지보수의 간략화(slip ring과 브러시가 필요 없음)

풍력발전설비의 제어기는 기계적 제어장치(피치각 제어, 요각제어, 브레이크 제어), 발전기의 제어·보호장치 및 전력변환장치와, 교류계통과의 인터페이스에 필요한 연계 설비로 구성된다. 발전기와 전력변환장치의 구성에 따라 AC/AC 링크방식과 AC/DC/AC 링크방식으로 나눌 수 있으며, 연계설비의 구성은 태양광발전장치의 경우와 마찬가지로 계통연계보호장치(보호계전장치, 차단기, 개폐기) + 변압기 + 측정설비 + 보상장치(필터, 역률보상장치 등) 등으로 구성되어 계통과의 병렬운전을 안전하게 수행하게 한다. 제어 기이외의 풍력발전설비의 각 요소에 대한 기능을 다음에 간략히 기술한다.

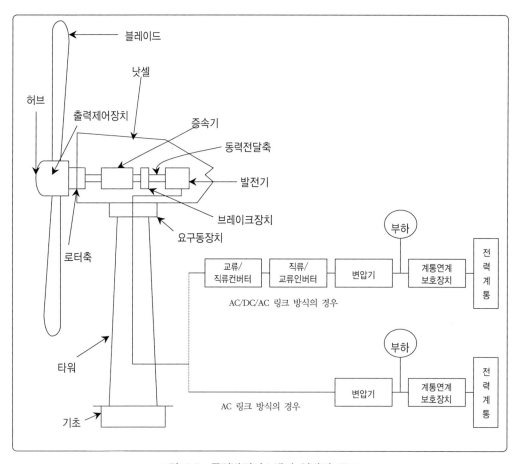

그림 3.2  풍력발전시스템의 일반적 구조

### 블레이드(날개)

풍력발전의 회전력을 얻는 부분으로서 2매 및 3매 방식이 있다. 3매 방식은 2매 방식에 비해 연간 발전량이 수% 정도 유리하며, 진동특성의 면에서도 유리하다. 2매 방식은 날개를 수평으로 유지할 수 있기 때문에 바람의 방향에 관계없이 失速flatter의 위험성을 적게 할 수 있어 강풍 시 날개에 걸리는 하중을 작게 할 수 있다. 따라서 나셀 및 타워의 경량화를 꾀할 수 있다.

### 로터

로터는 날개를 회전축에 붙이기 위한 허브 및 날개피치각의 가변구조로 구성되어 있다. 로터는 바람으로부터 에너지를 흡수함과 동시에 시스템의 안전성을 확보하는 중요한 요소이다.

### 나셀유니트

나셀유니트는 풍력에 의해 얻어진 로터의 회전에너지를 전기로 변환하는 데 필요한 장치와 변동하는 풍향 및 풍속에 대한 제어구동장치를 나셀 내에 수용하여 타워 상에 설치되는 것으로서 가변피치각구동장치, 브레이커, 발전기, 요구동장치 등으로 구성된다.

### 가변피치각구동장치

기동풍속이상시 로터의 기동토오크를 충분히 얻기 위한 기동운전, 정격풍속이상에서의 정격출력을 일정히 하기 위한 정격운전 및 강풍속(컷아우트풍속 이상)시 또는 저풍속(컷인풍속)시의 정지 등에 날개의 피치각을 적절히 변화시켜 로터의 회전수 및 출력을 제어하는 장치이다. 가변피치구동장치는 변동이 심한 하중조건을 이겨낼 필요가 있으며, 또한 한랭지에서의 사용조건을 고려해 로터주축실내에 가변피치구동용 유압실린더와 회전축 커플링 등을 갖는다. 나셀 내에 설치된 유압유니트에 의해 구동하는 쪽이 안전하고 싸다.

### 브레이커

강풍 시 및 이상 시 또는 보수점검 시에 로터를 정지시키기 위해서 필요한 장치이다.

로터를 정지시킬 경우, 날개를 가변피치구동장치에 의해 바람에 수평으로 유지시켜 로터가 충분히 감속내지는 정지시킨 후에 브레이커를 동작시키도록 하면 소형화가 가능하다.

### ◉ 발전기

풍속에 의해 회전에너지를 전기에너지로 변환하는 장치로서 동기발전기와 유도발전기가 있다. 일반적으로 발전기는 증속기를 개입시켜 풍차에 직결되어 나셀 내에 설치된다.

### ◉ 요구동장치

프로펠러형 풍차의 경우, 끊임없이 변동하는 풍향에 대해서 효율 좋게 에너지를 얻기 위해 날개를 풍향에 정면으로 할 필요가 있다. 이 때문에 요제어는 날개의 강도 및 진동 측면에서도 대단히 중요하다.

### ◉ 타워

타워는 트래스식과 모노포울식의 2종류가 있다. 모노포울방식은 트래스식에 비해서 경량이고 제작이 용이하며, 현지조립도 단시간 내로 가능하다.

## 02. 기계적 제어장치

기계적 제어장치에는 날개의 피치각을 제어하는 기능, 풍향에 대해서 고효율로 에너지를 얻기 위한 요각을 제어하는 기능, 강풍 및 이상 시 또는 보수점검 시 로터를 정지시키는 브레이크기능 등이 포함되어 있다.

가변피치제어장치는 날개의 각도를 풍속 및 출력에 대응하여 변화시키는 장치로서, 출력조정, 저풍 속에서의 기동가능, 강풍 등에 대한 유연성, 고효율 등의 이점이 있다.

가변피치제어, 요각제어, 브레이크제어 등은 풍력발전장치에 있어서 주요한 기능이므로 대부분의 장치의 경우 이들은 마이크로프로세서에 의해 전체적으로 제어하는 형태로 제작되고 있다.

## 03. 발전기의 제어·보호장치

계통연계형 풍력발전장치의 경우, 바람에 의해 얻어진 전력은 전부 연계계통에 공급하는 형태가 바람직하므로 부하추종운전 또는 정출력운전 등의 유효전력제어요소는 그다지 중요하지 않다.

AC/DC/AC링크 방식의 경우, 풍력발전기(동기발전기)가 일정하게 60Hz가 유지되기가 어려우므로 컨버터의 설계 시 이를 고려하여 주파수추종방식의 컨버터방식을 선택해야 한다. 또한 역률조정관계는 변환장치와의 협조에 의해 계통연계점에서의 출력역률을 조정할 수 있도록 해야 한다. 또한 변환장치의 효율향상과 고조파저감대책을 고려하여야 한다.

AC/AC링크 방식의 경우는 그 적용되는 발전기가 대부분이 유도발전기인데 기동시의 돌입전류억제를 위한 한류리액터의 제어기능 및 역률보상용 콘덴서의 제어기능이 필수적이다. 권선형에서는 2차여자권선의 삽입으로 피치제어와 협조하여 안정한 슬립운전점을 확보할 수 있는 이점이 있다.


## 04. 연계설비

연계설비의 구성은 태양광발전장치의 경우와 마찬가지로 계통연계보호장치(보호계전장치, 차단기, 개폐기) + 변압기 + 측정설비 + 보상장치(필터, 역률보상장치 등) 등으로 구성되어 계통과의 병렬운전을 안전하게 수행하게 한다. 특히, 유도발전기의 경우 소프트기동을 위한 한류리액터, 역률보상용 콘덴서와 이의 투입·해열제어장치 등이 포함되어야 하며, 자기여자에 의한 철공진현상방지를 위한 용량선정도 고려해야 한다.

측정설비로서는 인버터의 제어에 필요한 피드백 요소인 전압, 전류, 주파수 등을 측정할 수 있는 설비로 이들은 보안감시용으로도 필요하다. 또한 역조류가 있는 경우는 전력회사와의 전력요금산정에 필요한 유효전력량계 및 무효전력량계를 설치할 필요가 있다.

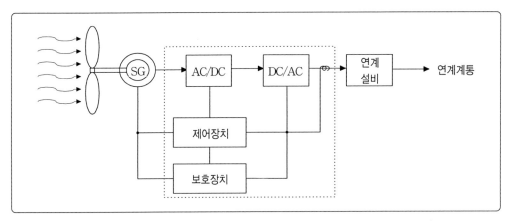

그림 3.3  일반 권선형 또는 영구자석 동기발전기(AC/DC/AC 링크방식)

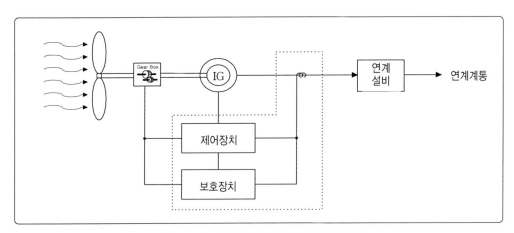

그림 3.4  농형유도발전기(AC/AC 링크방식)

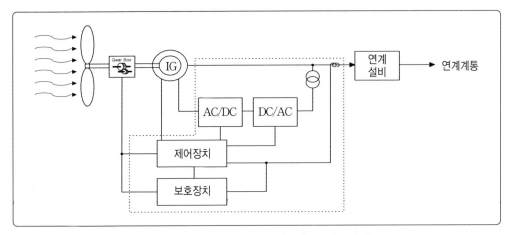

그림 3.5  권선형유도발전기(AC/AC 링크방식)

## 03. 연료전지 발전시스템

### 01. 기본구성과 기능

연료전지발전시스템은 연료전지의 스택으로부터 발전된 직류를 인버터에 의해 교류로 변환되어 계통과 연계되어 병렬운전을 하게 된다. 그 기본 구성은 그림 3.6과 같다.

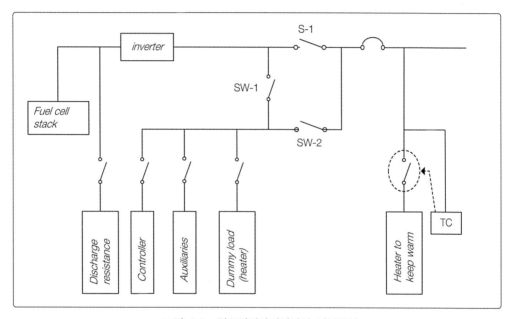

그림 3.6   연료전지발전설비의 기본구성

### 02. 발전장치의 운전 MODE

운전모드에는 정지, 기동, 대기, 연계운전, 단독운전, 정지동작의 6가지의 상태로 구분되며, 기동은 조연승온(助燃昇溫), 개질승온, 발전승온의 3단계로 나누어져 있다.

조연승온은 개질기에 원연료를 공급하여 개질촉매를 승온시키는 과정을 말하며, 개질승온은 개질촉매에서 생성된 개질가스를 FC Stack을 By-Pass하여 개질기버너에 직접공급, 연소시켜 개질가스가 소정의 안정한 조성에 다다를 때까지 개질계를 승온시키는 과정을 말한다.

발전승온은 연료전지 Stack에 연료 및 공기를 공급하여 발전시키면서, 100% 출력이 가능할 때까지 전지 및 기타 기기를 승온시키는 과정이다. 조연승온과 개질승온시는 외부에서 전력을 받아 운전되지만, 발전승온시는 FC(Fuel cell)에서 발생된 전력으로 보기 전력을 충당하고, 더미 저항(2차 저항)으로 전력을 소비해 외부와는 완전히 관계없는 독립운전을 하게 된다.

대기운전은 전기적으로 외부와는 관계가 없는 독립운전 상태로, 인버터를 AVR제어 (정전압제어)로 운전하게 되며, 전기출력 0인 운전으로서 기동에서 연계운전 또는 단독운전까지의 중간단계의 상태에 해당한다. 기동종기(발전승온)와 정지 동작초기(발전냉각)는 실질적으로는 대기운전 상태이다.

연계운전은 전력계통 또는 별도전원과 연계해서 운전되는 상태로서, 인버터는 PQ제어(정 전력제어)로 운전되며 외부로부터 지시된 출력치(유료전력과 무효전력)에 따라 출력을 제어한다. 계통병입은 패키지에 내장된 스위치(그림 3.6의 S-1) 또는 계통과의 연계 스위치 어느 것으로도 수행할 수 있다. 계통병입 시는 인버터를 제어하는 스위치전후의 전압과 위상을 일치시켜 동기투입하게 되므로. 스위치 전후의 전압신호(전압과 위상)를 제어장치에 보내주지 않으면 안 된다.

독립운전은 계통과는 분리된 상태에서 독립된 부하에 전력을 공급하는 방식으로, 이때 인버터는 정전압·정주파수제어로 운전하도록 되어 있다.

정지동작은 발전냉각과 정지동작의 2단계가 있다. 발전냉각은 전지를 고온에서, 더구나 고전위 상태로 방치할 수 없기 때문에 설정된 운전모드로서 발전상태 그대로 온도를 낮추는 과정이다. 정지동작은, 발전장치를 정지시키고 개질계와 전지연료극과 공기극에 질소가스를 충진시켜 방전저항이 생기게 하여, 전지전압을 내리고 전지 냉각수를 강제로 흐르게 하여 전지를 소정의 온도까지 냉각시키는 과정이다.


## 03. 연료전지발전장치의 특성과 성능

현재 상용화단계에 있는 선진국(일본, 미국)의 50kW급 인산형연료전지에 대한 특성과 성능을 요약하면 다음과 같다.

◎ **형식**

전지종류는 인산형, 동작압력은 상압(수백 mmAq), 냉각 방식은 수냉식이다. 또 개질계의 최고 사용 압력은 $1kg/cm^2$ 미만이다.

◎ **구조**

발전장치는 패키지 구조로 전체를 한 번에 운송할 수 있다. 장치전체는 금속제 판넬로 감싸서 내부기기가 인체에 접촉하지 않도록 보호되어 있다.

◎ **크기 및 중량**

50kW 기기의 크기는 길이가 2.9m, 폭이 1.6m, 높이 2.2m이고 중량은 5t 정도이다.

◎ **사용연료**

종류는 도시가스(13A) 또는 LPG를 사용하며, 공급압력은 표준이 200mmAq이지만 저압가스 공급규정 범위에(100 ~ 250mmAq)에 적용할 수 있다.

◎ **전기출력**

정격출력은 50kW, 전압은 3상 200V 또는 220V, 주파수는 60Hz이다. 역률은 표준을 1.0으로 했지만, 정격출력시 ±0.85 범위까지 운전할 수 있다.

◎ **효율(LHA)기준**

발전효율은 36 ~ 40%, 열을 포함한 종합효율은 약 80% 정도이다.

◎ **배열회수**

표준온도는 약 65℃, Return 수온은 40℃정도이다. 50kW급은 배열회수량이 작기 때문에 저온수형태로 이용하지만, 100kW 기기에서는 그 양이 많기 때문에 고온열회수 비중을 높일 목적으로 반응공기의 예열기를 설계해서, 이용가치가 높은 80 ~ 90℃의 고온수를 얻을 수 있도록 되어 있다.

### ◎ 운전방식

무인 운전이 가능하도록 자동화 하고 보호 장치를 설계해서 이상 시에는 안전하게 자동정지 하도록 되어 있다. 원격감시제어를 위한 신호선을 발전장치에서 끌어낸 구조로 되어 있다.

### ◎ 운전형태

연계운전 및 독립운전이 가능하다. 연계운전 시에 계통전압 및 주파수 이상을 검출한 경우는 자동으로 계통과 차단되며, 또 독립운전 시 부하측의 이상(과부하, 과전류 등)을 검출한 경우는 자동대기상태가 된다.

### ◎ 부하응답성

독립운전시의 순간부하변화폭은 50%까지 변화할 수 있으나, 큰 폭의 부하급증은 전지가 가스결핍상태로 되기 때문에 전지의 열화가 촉진될 가능성이 있으므로, 현상태에서는 순간 부하 변화폭은 20 ~ 25% 정도까지 고려되고 있다.($\triangle$ 5kW/min)

### ◎ 기동시간

냉간기동 3시간, 열간기동 1시간이 표준으로 되어 있으며, 기동용 보일러를 설치하면, 냉간기동 시간을 1.5시간까지 단축이 가능하다.

### ◎ 기동전력

50kW급의 경우 30 ~ 35kW가 필요하다. 기동용 보일러를 설치한 경우는 7kW를 목표로 개발 진행 중이다.

### ◎ 보급수

정격운전 시는 물의 보급은 필요 없으나, 열이용이 적을 때는 물이 부족하므로 보급수가 필요하다. 보급수는 상수도를 사용할 수 있으며, 장치 내에 있는 수처리 장치에서 처리된 후, 전지냉각수계에도 보급된다.

◎ 질소가스

전지 및 개질계 내의 연료가스 등을 제거하는 불활성가스로서 질소가스를 사용한다. 질소 Bombe로부터의 공급을 기준으로 했지만, 질소 공급원이 있는 경우에는 그것을 이용하는 것도 가능하다. 질소가스 잔류량 부족 또는 공급압력저하 신호를 제어장치에 보내면 자동정지 된다.

◎ 안전성

이상검출 시 또는 정지신호를 받은 경우, 발전장치는 자동정지 한다. 폭발대책으로, 발전장치 패키지내는 환기팬에 의해서 항상 통풍이 되고 있으므로 장치 내에 가연성 가스가 누출된 경우에도 잔류하지 않게 된다. 또 장치 내에는 가연성 가스 검출기가 설치되어 있으며, 실내설치의 경우에는 실내 환기를 할 필요가 있다.

## 04. 인버터

On-Site 연료전지 발전장치(FCPU)는 빌딩 등의 건물내부에 설치되므로 소형화, 경량화, 저소음화를 고려해야 하므로, 연료전지발전설비의 출력특성이 일반부하에 대한 FC의 출력 전압변동이 크고, 그 출력은 저전압, 대전류인 관계로 인버터의 소형, 경량화에 불리한 점이 있지만, 고속 스위칭 소자를 사용하여 소형, 경량, 저소음화를 실현하고 있다.

운전기능으로서는 단독운전, 연계운전, 단독운전과 연계운전의 상호절환, P(유효전력)/Q(무효전력)의 제어, 단독/연계운전의 무순단 절환기능 등이 기본으로 된다.

주회로는 고주파 DC-DC 컴버터 + 고주파 PWM 인버터 + AC 필터로 구성되며, FC의 직류출력전압은, 고주파 DC-DC 컨버터에서 승압된 후, 고주파 PWM 인버터에서 교류로 바뀌고, AC 필터를 거쳐 AC 200V 3상의 저왜곡율의 교류전압을 출력하게 된다. FC와 교류와의 절연은 DC-DC 컨버터의 고주파 링크 변압기에서 행하여진다.

제어회로는 대부분 고주파 PWM 방식을 사용하고 있으며, 독립운전 시는 AC 필터부의 선간전압을 검출하여 정전압제어를 하게 된다. 제어방식은 평균치제어 루프 내에 순시파형 제어 루트를 부가하여 구성하며, 연계운전 시는 유효전력지령 P와 무효전력지령

Q로부터 계산된 전류파형을 인버터 출력전류 조절기의 지령으로 사용해, 전류파형제어를 한다. 단독에서 연계로의 절환은 계통전압과 AC 필터 전압과의 진폭 및 위상이 일치하도록 인버터를 제어한 후, 컨택터를 닫아서 전류파형 제어를 한다. 연계에서 단독으로의 절환은, 전류제어를 전압제어로 바꾼 후 컨택터를 열되 무순단 절환으로 하는 것이 일반적이다.

보호장치는 시스템이상 시 안전과 장치파손 방지를 위해 필요한 장치로서, 보호 검출로서는 화학반응계에서는 온도검출, 연소계에서는 온도와 실화검지, 연료전지계에서는 온도와 전압, 전류검출, 증기·수계는 압력과 레벨 검출 등이 있는데, 보호설정치에 달하면 보호동작을 수행해 안전하게 정지하도록 되어야 한다. 인버터는 보호 속도가 빠르므로, 독립된 보호정지기능으로 보호되고 있다.

## 05. 연계설비

연계설비의 경우, 태양광발전설비의 경우와 동일하다.

# Chapter 04

# 분산전원이 배전계통운용에 미치는 영향

종래의 배전계통에 있어서의 전력조류는 변전소에서 선로말단을 향한 단방향이었지만, 분산전원이 연계된 배전계통의 경우에는 그 출력용량의 여부에 따라 양방향의 전력조류가 발생할 가능성이 있어, 계통운용상 여러 가지의 문제점이 야기될 수 있다. 분산전원에 대규모전원의 보완적 역할과 배전선로 상의 국부적 부하 감당 역할을 부과하여 그의 적극적 활용을 꾀하기 위해서는, 분산전원으로부터 배전계통에 전력을 공급하는 역조류의 기능을 허용할 필요가 있다. 이하에서는 역조류를 허용한 경우도 포함하여 발생될 수 있는 구체적인 전력품질상의 문제점에 대해서 분석하여 보기로 한다.

## ◯ 전압변동

전기사업자에게는 저압의 공급전압을 전기사업법에서 정한 적정범위로 유지할 의무가 있어, 분산전원이 배전계통에 도입되더라도 공급전압이 이 규정범위 내에서 유지되어야 한다. 현재의 배전계통의 전압관리는, 변전소에서 부하에 이르기까지의 전력조류가 단방향이라는 사실을 전제조건으로 하고 있다. 이와 같이 전력조류가 단방향일 경우는 부하의 변동에 의해 배전선에 흐르는 전류가 변화해 전압이 변동하더라도, 전압은 변전소 인출부로부터 배전선말단을 향해 단조감소하기 때문에 선로의 전압조정은 LDC (Line Drop Compensation)방식 및 주상변압기의 탭선택 등에 의해 비교적 쉽게 수행될 수 있다. 그러나 배전선로의 도중에 분산전원이 도입되어 계통으로의 역조류가 발생하게 되면 연계지점의 전압이 높아져 배전선로 상의 전압분포는 단조감소의 형태만으로는 되지 않는다. 이와 같은 상황에서는 기존의 전압제어방식으로는 적정전압조정능력을 상실하게 될 가능성이 높다. LDC 전압조정방식 이외의 프로그램전압조정방식 및 (LDC+프로그램) 전압조정방식의 경우도 선로에 도입된 분산전원 전체의 연계위치와 정확한 개별운전 상태를 시시각각 파악하지 않고서는 적정한 전압조정을 수행할 수 없게 된다. 특히, 태양광발전이나 풍력발전 등과 같은 분산전원에서는 발전량의 변동을 미리 예측할 수 없기 때문에 더욱 전압조정이 어렵게 된다. 이와 같은 문제는 배전선로에 연계되는 분산전원의 도입용량을 제한함으로써 어느 정도 대처가 가능하지만, 이는 분산전원의 보급에 저해요인으로서 나타나기 때문에 규제를 완화할 수 있는 기술의 개발이 필요하다.

◎ 고조파

연료전지발전시스템, 태양광발전 등의 직류발전시스템은 인버터로 직류/교류변환을 하기 때문에 고조파가 발생하게 된다. 고조파의 발생량은 인버터의 방식에 따라 다르지만, 그것이 계통의 허용량을 초과하게 될 경우는 전력계통에 접속되어 있는 타 부하기기의 동작에 악영향을 초래할 우려가 있다. 따라서 이러한 분산전원의 경우에 대해서는 고조파 억제대책을 확실히 강구해 둘 필요가 있다.

◎ 보호협조

배전계통에 있어서, 낙뢰 및 수목접촉 등의 원인으로 지락사고 및 단락사고가 발생하였을 경우, 사고파급확대를 방지하기 위하여 사고전류를 공급하고 있는 전원을 신속하게 차단하도록 하고 있다. 이와 같은 목적으로 배전선에는 보호장치가 설치되어 사고를 정확히 검출하여 사고구간 또는 사고선로를 계통으로부터 분리하게 된다. 그러나 분산전원이 기존의 어떤 보호협조체제하의 배전선로에 도입될 경우는 분산전원의 계통에 대한 역조류에 의해 사고 시 고장 구간의 분리 및 선로재구성에 따른 차단기 및 개폐기 제어알고리즘, 그리고 순시정전 시 분산전원의 기동정지, 개폐기의 기능, 차단용량 등에 악영향을 끼칠 우려가 있다. 또한, 사고 시 일시적으로 분리된 건전구간 내에 분산전원이 존재하여 그 구간내의 부하와 평형을 이루며 운전되고 있는 경우가 있을 수 있는데, 이 경우는 인체 및 전기설비에 위험을 초래하게 될 뿐만 아니라 사고의 신속한 복구에도 저해 요인이 된다. 이 외에도, 지락사고 시 선로가 계통과 차단된 상태에서 분산전원의 차단기가 늦게 동작하게 되면 선로의 커패시터와 부하가 분산전원과 작용하여 공진으로 인한 과전압을 발생한다는 점, 차단기(리크로우져 또는 CB)와 퓨즈의 보호협조체제하에서 순시사고 시 퓨즈의 불필요한 용단으로 인한 장시간정전사태가 발생한다는 점, CB 또는 리크로우져의 재폐로 방식에 대한 분산전원의 확실한 분리보장문제 등이 열거될 수 있다. 따라서 상기에서 지적된 문제점들에 대해서 배전계통의 보호체제와 분산전원의 보호장치가 서로 협조하여 대처할 수 있도록 전반적인 검토가 이루어져야 한다. 한편, 연료전지발전시스템 및 태양광발전의 경우, 전원의 특성이 종래의 발전시스템과 달리 직류전원에 인버터를 개입시켜 계통에 연계되기 때문에 그 특성을 충분히 파악하여 새로운 보호방식의 적용여부를 검토할 필요가 있다.

## ○ 단독운전의 방지

배전계통측의 전원이 상실된 경우 배전선로상의 부하와 분산전원의 출력이 어느 정도 평형을 유지한 상태라면 분산전원이 부하에 전력을 공급하는 상태가 계속된다. 이를 단독운전(Islanding)상태라고 한다. 단독운전상태가 지속되는 가운데 배전계통측의 전원이 회복될 경우는 양측의 전압의 위상차에 의해 단락 및 탈조 등의 사고가 일어날 가능성이 있을 뿐만 아니라, 선로작업을 위해 선로를 차단한 상태에서 작업원의 선로작업 시 전선 접촉으로 감전사할 위험도 높다. 따라서 분산전원의 계통연계 시 이러한 단독운전 상태를 확실히 방지할 수 있는 대책을 수립해 놓지 않으면 안 된다. 현재의 상태로서는 배전선에 분산전원이 연계된 예가 적은 편이어서 개별적인 대응이 가능하다고 할 수 있지만, 소용량의 분산전원이 다수 도입되는 상황이라면 전화연락 및 개별전송차단방법으로 대응하기란 그리 쉬운 일이 아닐 것이다. 그러므로 분산전원측에서 계통의 전원상실을 검출하여 자동적으로 계통분리하는 방법 등의 새로운 보안확보방안이 검토되어야 한다.

## ○ 역률

배전계통에 있어서 역률유지는 선로의 전압변동, 전력손실 및 유효전력의 공급한계 등의 측면에서 대단히 중요하다. 따라서 현재 우리나라의 경우, 수용가의 역률유지규정을 0.9(지상)~1.0 사이로 두고, 0.9이하의 경우는 전기요금추가, 0.9이상은 전기요금감액 등의 규정을 전기공급규정 제43조, 제44조에 두고 있다. 이러한 상황에서 분산전원이 배전계통에 도입되어 운전될 경우, 분산전원의 운전역률은 선로의 역률에 영향을 미치게 된다. 먼저, 선로에 도입된 분산전원이 운전역률(발전기기준)1.0으로 운전하게 될 경우를 생각해 보면, 계통에 유효전력만을 공급해주기 때문에 선로의 역률은 본래보다 악화되지만, 선로의 전력손실은 적어진다. 또, 지상운전(발전기기준)의 경우 유효 및 무효전력을 모두 계통측에 공급하게 되어 선로의 전압변동에 커다란 영향을 미치게 된다. 하지만, 선로에 흐르는 무효전력의 감소로 상위 배전용변전소에서 배전선로에 공급해 주어야 할 무효전력공급량은 감소하게 되어 전압안정도에는 유리하다. 한편, 진상운전

(발전기기준)의 경우 유효전력은 계통에 공급하고 무효전력은 계통측으로부터 공급받아야 하기 때문에 선로의 전압변동에 미치는 영향은 작지만, 선로에 흐르는 무효전력의 증가로 역률은 악화되고, 배전용변전소측에서 공급해야할 무효전력량은 증가하게 되어 무효전력보상설비의 증가와 전압안정도의 악화가 예상된다. 따라서 배전계통에 도입되는 분산전원의 운전역률을 어떻게 설정할 것인가는 배전계통에 도입되는 그 규모의 크기에 따라 선로의 전압변동, 손실, 무효전력증가 등의 요소와 관련지어 결정해야 할 대단히 중요한 요소이다. 그것도 분산전원이 연계되는 위치에 따라 다르기 때문에 대용량의 분산전원에 대해서는 역률조정기능을 의무적으로 갖추도록 하는 방법, 소용량의 경우는 도입 시에 사전검토하여 운전역률을 고정시키는 방법 등의 다방면에 걸친 분석이 반드시 수행되어야 한다.

### ◎ 상불평형

우리나라의 경우 배전계통은 22.9kV-공통중성선 다중접지방식을 채택하고 있어 상불평형이 생기게 되면 중성선에 불평형전류가 흐르게 되어 중성선의 전위가 상승하게 되어 선로의 제어기기에 오동작의 영향을 불러일으킬 가능성이 크다. 다른 한편으로는, 산업용 3상유도전동기의 과열과 소손, 전압의 과대한 상승과 저하에 의한 정보화기기의 오동작과 부동작, 가전제품의 수명손실 및 플리커 장해 등의 피해가 발생될 수 있다. 따라서 배전계통의 저압계통에 연계되는 분산전원, 대표적으로 단상 태양광발전장치의 경우, 선로 상에 분산도입되어 불규칙하게 운전되는 상황을 고려해서 이에 적합한 대책을 마련해야 할 것이다. 물론 이의 도입량이 작다고는 할 수 있지만, 상불평형요소의 부하기기와 부하관리전략 등과 합세될 경우는 결코 무시할 수 없는 요인으로 작용할 것이다.

### ◎ 주파수

전 지역에 걸쳐 배전계통에 도입되어 운전하고 있는 다수의 분산전원이 어떤 원인으로 동시에 출력이 0으로 되는 경우는 전력계통전체의 주파수가 흔들릴 가능성이 충분히 있다. 물론, 그런 가혹한 상황은 상당히 확률이 작지만, 만약 태양광발전설비가 어느 정도 상당량 보급된 경우를 상정한다면, 구름 등의 조건으로 태양광발전의 출력이 순시에

0으로 되는 상황은 충분히 일어날 수 있는 일이다. 이런 경우는 그 피해가 막대하므로 이런 분야에 대한 연구분석도 요구된다.

## ◎ 단락용량

분산전원이 배전계통에 연계하여 운전하고 있을 경우, 계통의 사고 시 발전기의 단락 전류에 의해 계통의 단락용량이 증가하게 된다. 이 때문에 기존 차단기의 차단용량이 부족한 상황도 발생할 수 있어 계통의 구성의 재검토, 발전기리액턴스의 검토, 한류리액 터 및 고압퓨즈의 채용 등의 채용여부에 대한 검토도 필요하다.

## ◎ 기존배전계통의 분산전원의 수용한계

기존의 배전계통의 구성 및 운용체제가 분산전원을 어느 정도의 도입용량까지 수용이 가능한가를 보급에 앞서 다각적인 측면에서 검토해야 한다. 왜냐하면, 수용한계를 벗어 나게 될 정도로 분산전원이 배전계통에 도입되었을 경우는 기존의 배전계통의 구성과 운용체계를 개선 내지는 변경시킬 필요가 있기 때문이다. 그 수용한계량의 결정에는 여 러 가지의 요소들이 고려될 수 있는데, 가령 예를 들면, 배전계통에 있어서 무엇보다도 중요한 것은 수용가에게 적정전압의 고품질의 전력을 서비스하는 것이다. 그렇다면, 그 수용한계를 결정하는 데 전압변동과 고조파 등이 분산전원의 수용한계량의 결정요소로 서 고려해야 할 것이다. 전압변동의 경우는, 선로에 도입된 분산전원의 도입용량과 운전 역률이 배전계통의 전압조정방식 상에서의 선로전압조정능력한계에 미치는 영향을 분 석하여 수용한계량을 도출해가는 것이 하나의 접근방법이 될 수 있을 것이다.[29]

# Chapter 05

# 분산전원이 도입된 배전계통의 운용체계

분산전원이 도입된 배전계통의 운용체계로서 고려될 수 있는 가장 기본적이고 현실적인 형태는 기존의 운용체계를 바꾸지 않고, 그대로 활용하면서 분산전원의 계통연계운전을 무리 없이 수용할 수 있는 체계, 즉 "기존배전계통 + 연계운전용 출력제어기와 연계설비(차단기, 보호릴레이 등) + 분산전원"의 그림 5.1과 같은 분산전원 배전계통 하에서 서로 전력거래를 하되 평상시는 전력품질협조, 비상시는 전력융통 및 보호협조를 할 수 있는 운용체계로 볼 수 있다.

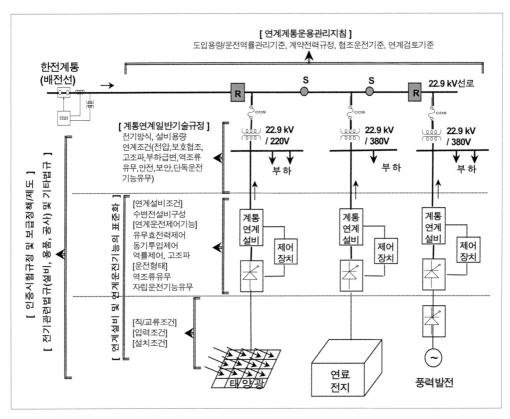

– 평상시운용 : 전력거래 + 전력품질협조

– 비상시운용 : 전력융통협조 + 보호협조

그림 5.1  기존 배전계통 + 연계운전용 출력제어기와 연계설비(차단기, 보호릴레이 등) + 분산전원으로 구성되는 분산전원 배전계통

# Chapter 06

# 분산전원연계 배전계통의
# 전압해석용 정적 모델링

일반적으로 배전계통에 도입되는 분산전원의 경우, 통상 발전기의 역률을 일정히 유지하는 자동역률조정장치에 의해 정역률운전을 실시하고 있는데, 이것은 발전역률 및 전압, 그리고 계통전압의 검출로 일정역률로 유지하도록 자동전압조정장치(AVR)에 의한 계통전압추종운전을 한다. 이것은 다음과 같은 이론에서 설명이 된다.

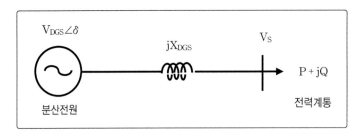

그림 6.1 분산전원이 전력계통과 연결되어 있는 모델

그림 6.1과 같이 분산전원이 전력계통(배전계통)과 연결되어 운전되고 있는 경우, 그림 6.1에서의 각각의 기호를

$\dot{V}_S$ : 연계점 전압(상전압) $≜ V_S∠0°$

$\dot{V}_{DGS}$ : 분산전원 출력전압 (상전압) $≜ V_{DGS}∠δ°$

$\dot{Z}_{DGS}$ : 연계리액터의 임피던스($R_{DGS}+jX_{DGS}≒jX_{DGS}$)

$\dot{I}_{DGS}$ : 분산전원 공급전류, 선전류

P : 분산전원에서 계통으로 공급되는 유효전력

Q : 분산전원에서 계통으로 공급되는 무효전력

$\dot{S}$ : P + jQ 즉, 피상전력

와 같이 정의하는 것으로 한다. 그러면, 다음과 같은 수식이 성립된다.

$$\dot{V}_{DGS} = \dot{V}_S + \dot{Z}_{DGS}\dot{I}_{DGS} = \dot{V}_S + jX_{DGS}\dot{I}_{DGS} \qquad \therefore \dot{I}_{DGS} = (\dot{V}_{DGS} - \dot{V}_S)/jX_C$$

$$\dot{I}_{DGS} = \frac{1}{jX_{DGS}}[V_{DGS}\cos δ + jV_{DGS}\sin δ - V_S] = \frac{1}{jX_{DGS}}[V_{DGS}\cos δ + jV_{DGS}\sin δ - V_S]$$

$$= \frac{V_{DGS}}{X_{DGS}}\sin δ + j\frac{1}{X_{DGS}}(V_S - V_{DGS}\cos δ)$$

$$\therefore \dot{S} = \dot{V_S}\dot{I}_{DGS}^{*} = \frac{V_S V_{DGS}}{X_{DGS}}sin\delta + j\frac{V_S V_{DGS}\cos\delta - V_S^2}{X_{DGS}} = P + jQ$$

$$\therefore P = \frac{V_S V_{DGS}}{X_{DGS}}sin\delta \qquad Q = \frac{V_S V_{DGS}\cos\delta - V_S^2}{X_{DGS}}$$

상기의 식으로부터 분산전원으로부터 전력계통에 공급되는 유효 및 무효전력은 분산
전원의 전압위상 및 전압의 크기에 의해 조정될 수 있다는 것을 알 수 있다. 따라서 분산
전원의 출력은 $P_G + jQ_G$의 정출력으로 하고, 그 출력전압은 계통전압에 의해 지배되는
되는 것으로 모델링되는 것이 일반적이다. 즉, 분산전원은 부의 특성을 갖는 정전력 부
하로 고려될 수 있다.

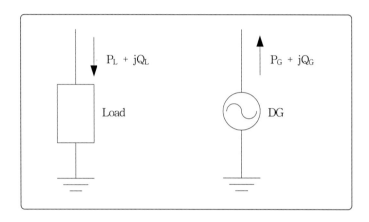

그림 6.2 부하와 분산전원의 전력 기준방향 표기

그림 6.2에서 부하 및 분산전원은 진상에 대하여 무효전력량이 부(-)의 값으로 되며,
지상에 대하여 무효전력량은 정(+)의 값을 가지게 된다. 또한 분산전원은 부하에 대하여
부의 특성을 갖는 정전력 부하로 고려될 수 있음으로 부의 특성을 갖는 부하로 표현이
될 수 있다.

한편, 실제 배전계통의 부하는 식(6-1) 및 식(6-2)에서와 같이 정전력, 정전류 및 정임
피던스 부하가 서로 혼합된 형태인 합성부하 형태로 구성되어야 한다.

$$P_{Li}(V_i) = P_{L0i}[a_{pi} + b_{pi}V_i + c_{pi}V_i^2] \tag{6-1}$$

$$Q_{Li}(V_i) = Q_{L0i}[a_{qi} + b_{qi}V_i + c_{qi}V_i^2] \tag{6-2}$$

여기서,

$P_{L0}$, $Q_{L0}$ : 정격 전압에 대한 부하의 유효전력, 무효전력

$a_{pi}$, $a_{qi}$ : 정전력부하 성분계수

$b_{pi}$, $b_{qi}$ : 정전류부하 성분계수

$c_{pi}$, $c_{qi}$ : 정임피던스부하 성분계수

# 배전계통의 전압조정체계 및 전압조정기 모델링

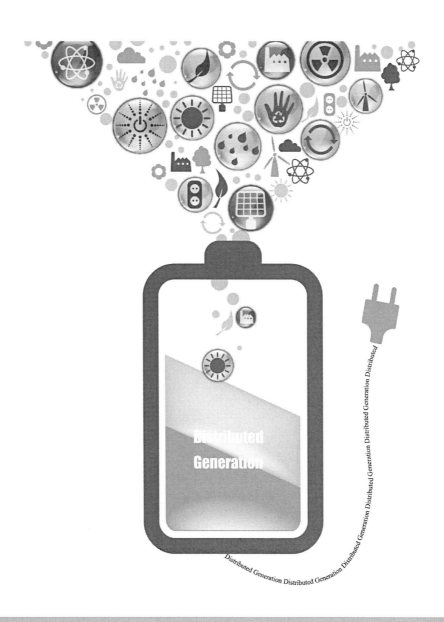

## 01. 배전계통 전압조정체계

일반적으로 방사상 배전계통의 배전용변전소는 그림 7.1과 같이, 하나의 주 변압기에는 4개 ~ 6개씩의 배전선로(Distribution Line : D/L)로 구성된다. 주 변압기의 용량은 보통 45/60MVA이고, 각 D/L의 용량은 10MVA 정도로 운용되고 있다. 배전계통의 전압분포는 배전용변전소의 송출전압과 주상변압기의 탭비, 고·저압선로의 전압강하, 고압선로의 구성(긍장 및 용량), 수용가의 부하특성(공장, 주택, 상업, 농촌부하 등) 등 여러 가지 요인에 의해 결정된다. 이 가운데 가장 큰 영향을 끼치는 요소가 배전용변전소의 송출전압 조정으로, 이것이 적절하게 조정되지 못하면 다른 요인을 아무리 잘 조정해도 수용가의 전압을 적정하게 유지시키기 어렵다. 또 다른 하나는 주상변압기의 탭비이다. 주상변압기의 탭비는 220V의 공급전압을 갖는 배전계통에 대하여 5% 이내의 전압강하 범위 내에서는 13200/230V를, 5 ~ 10% 사이의 전압강하가 발생하는 구간에 대해서는 12600/230V의 탭을 사용하고 있다. 수용가 전압에 영향을 미치는 배전계통의 전압조정 체계는 그림 7.1과 같다.[38]

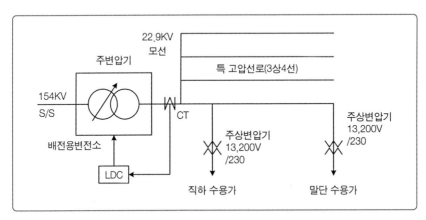

그림 7.1 배전계통의 전압조정체계

### 01. 배전용변전소

상기의 여러 요인 가운데 수용가 전압에 가장 큰 영향을 미치는 요인은 배전용변전소의 송출전압 조정이다. 배전용변전소의 송출전압 조정방식으로는 일반적으로 프로그램 방식과 LDC 방식이 주로 사용되고 있다. 프로그램 방식은 각 시간대별로 타임스위치의 지정에 의해 송출전압을 단계적으로 조정하는 것으로 간단한 조작에 의하여 여러 가지의 송출전압을 얻을 수 있지만, 부하변동의 폭이 큰 경우 적절한 전압강하의 보상이 어렵게 된다는 단점이 있다. 반면, LDC 방식은 미리 정해진 전압조정 요소(등가 임피던스와 부하중심점 전압)에 의하여, 시간에 따라 변화하는 부하전류의 크기에 따라 고압선로의 전압강하를 보상하여 송출전압을 조정하는 방식으로 프로그램 방식보다 급격한 부하변동에도 유연하게 대응할 수 있어서 폭넓게 사용되고 있다.

그러나 LDC 전압조정방식은 유사한 부하변동 특성을 가진 고압선로들로 구성된 뱅크에만 효과가 있다는 큰 한계성을 가지고 있다. 배전용변전소의 송출전압 조정에는 대부분 ULTC(Under-Load Tap Changing) 변압기가 적용되고 있으며, LDC 방식을 채택하고 있다. 이러한 방식은 부하특성이 다르거나 고압선로의 구성상태가 상이한 경우에는 여러 가지 문제점을 발생시킬 수 있다.

국내 배전계통에 적용되는 표준전압은 특고압 삼상 상전압 13,200V(선간전압 22,900V이며, 저압의 경우 단상 220V(삼상 380V)이며, 전압유지범위는 저압 220V에 대해서는 207V ~ 233V (220V±6%), 저압 380V에 대해서는 342V ~ 418V(380V±10%)이다.

## 02. 주상변압기

주상변압기의 탭 조정은 수용가의 전압에 큰 영향을 미치는 요소 중의 하나이다. 배전선로 주상변압기의 1차 탭은 5개로서 전압강하율이 10%이내일 경우 적정 탭을 선정하여 사용하여야 한다. 주상변압기의 탭은 일단 한번 정해지면 정정하기 어려운 작업상의 문제점이 있으므로 장기간에 걸쳐 운용되는 특성이 있다.

예를 들어, 계절별로 부하변동이 큰 고압 선로이거나 배전계통의 선로절체 작업 등에 의하여 계통구성이 바뀌게 되는 경우, 탭을 정정하지 않고 그대로 사용하면, 수용가에게 과전압이나 저전압을 일으키는 중대한 원인을 제공할 수 있다. 따라서 배전선로 전압강하 구간별 주상 변압기 탭 조정은 5% 이내의 전압강하 구간에 대해서는 13,200V/230V

의 주상변압기 탭을 사용하며, 5% ~ 10% 이하의 전압강하 구간에서는 12,600V/230V의 주상변압기 탭을 선정하여 사용을 하고 있다. 이러한 주상 변압기의 탭 변경점 지정 운영은 배전선로 전압강하 계산 프로그램에 의해 계산된 간선 및 분기선의 전압강하가 5%인 지점을 주상변압기 탭 변경점으로 지정하고 회선별 단선도상에 블록단위로 구분하여 운영한다.

## 03. 저압선로의 전압강하

국내에서는 배전선로의 전압유지를 위해 배전설비별 전압강하 배분한도를 정하여 배전선로 전압관리를 실시하고 있다. 국내의 경우 특고압선로 및 저압설비에 대해 모두 전압강하율을 10% 이내로 유지되도록 전압조정을 하고 있다. 따라서 배전선로가 전압강하 한도를 초과하거나 초과가 예상되는 경우에는 배전선로 보상을 시행하여야 한다. 또한 저압선로의 전압강하배분에 대해서는 주상변압기의 내부전압강하와 인입선 전압강하 그리고 저압선 전압강하로 구성되며, 각각의 최대부하를 기준으로 주상변압기의 전압강하를 2%, 저압선의 전압강하 6% 및 수용가 인입선의 전압강하가 2%로 규정되어 운용되고 있다. 그러나 저압측의 10%의 허용전압은 매우 큰 값으로 고압 측의 전압변동 폭을 크게 제한시키는 직접적인 원인이 되며, 저압선로의 적정전압유지를 어렵게 만드는 중요한 요인이 된다. 따라서 이들 전압강하배분을 적절하게 검토하여 운용 기준을 재선정할 필요가 있다. 또한, 저압측의 10%의 전압강하 배분은 연중 최대부하를 기준으로 설정한 값이므로 오프피크시나 계절별, 요일별로 많은 차이가 있을 수 있다. 따라서 계절별, 요일별, 시간대별(최대/중간/최저 시간대)로 융통성 있게 전압강하 배분을 선정하여 운용하는 것이 중요하다.

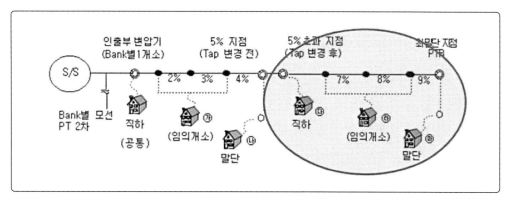

그림 7.2 국내 22.9kV 배전계통의 전압강하배분한도

## 02. LDC 전압조정기 모델링

기존의 배전계통에는 대부분이 그림 7.3에서와 같은 LDC(Line Drop Compensator)라고 하는 전압조정장치에 의해 주변압기 이하의 모든 배전선들의 전압이 일괄적으로 조정되고 있다.[29][43][44]

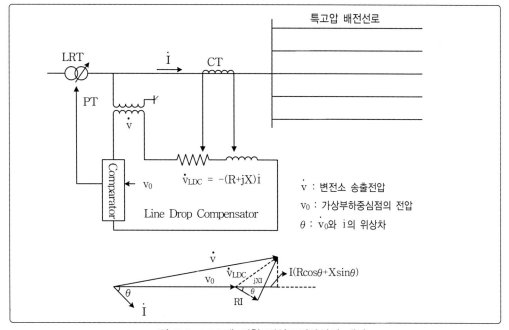

그림 7.3 LDC에 의한 전압조정방식의 개념

LDC에 의한 전압조정방식이란 그림 7.3에서와 같이 가상부하중심점의 전압이 어느 기준치 $V_o$로 되도록 부하시 탭절환변압기(Load-Ratio Tap Changing : LRT Transformer)의 탭에 의해 송출전압(Sending-End Voltage)을 조정하는 방식이다. 이 LDC 전압조정장치 내부에는 송출전압을 조정하기 위해 가상부하중심점까지의 선로등가임피던스에 해당하는 R + jX의 R과 X, 그리고 가상부하중심점의 유지기준전압 $V_o$가 있어, 이들은 대상 배전계통의 선로구성 및 부하특성에 의해 결정된다. 이들 LDC의 내부정정계수 R, X, $V_o$들은, 중부하시 주변압기 2차 측에 흐르는 최대 부하전류를 $I_{max}$, 가상 부하중심점의 전압 $V_o$에 대한 부하 역률각을 $\theta_{max}$, 이때의 배전선로 이하의 모든 수용가의 단자전압이 적정범위 내로 유지되도록 하는 최적송출전압(송출기준전압 : Sending-End Reference Voltage)을 $V_{ref,max}$, 그리고, 경부하시 최소부하전류를 $I_{min}$, 이때의 최적송출전압(송출기준전압)을 $V_{ref,min}$로 할 경우, 하기와 같은 관계식에 의해 결정되는 것이 일반적이다.(단, 전압은 모두 상전압 기준임)

$$R = ( V_{ref,\max} - V_{ref,\min} )\cos\theta_{\max} / ( I_{\max} - I_{\min} ) \tag{7-1}$$

$$X = ( V_{ref,\max} - V_{ref,\min} )\sin\theta_{\max} / ( I_{\max} - I_{\min} ) \tag{7-2}$$

$$V_o = ( I_{\max} V_{ref,\min} - I_{\min} V_{ref,\max} )/( I_{\max} - I_{\min} ) \tag{7-3}$$

상기 식(7-1), (7-2), (7-3)에서의 R, X, $V_o$를 구하는 데 필요한 대상계통의 중부하시의 최적송출전압 $V_{ref,max}$, 경부하시의 최적송출전압 $V_{ref,min}$ 은 다음과 같은 식에 의하여 구하여 진다.

$$V_{spo}(t) = \frac{\sum_{j=1}^{k}(D_{1j}+D_{2j})I_j(t)}{2\sum_{j=1}^{k}I_j(t)} - \frac{\tau_n}{D_H}(N_m D_H - \sum_{L=2}^{N_m}D_L - D_H) + \{i(t)(\underline{t}+\underline{u}) + v_b\}N \tag{7-4}$$

단, $V_{spo}(t)$: 임의의 시각 t에서의 최적송출전압

$I_j(t)$ : 임의의 시각 t에서의 j번째 feeder의 부하전류(최대부하시의 전류를 1.0으로 정규화 했을 때의 값임.)

$i(t)$ : 임의의 시각 t에서의 저압배전선의 부하전류(최대부하시의 전류를 1.0으로 정규화

했을 때의 값임.)

$D_{1j}$ : j번째 피더의 변전소인출구에서 제일 가까운 부하지점까지의 전압강하

$D_{2j}$ : j번째 피더의 변전소인출구에서 제일 먼 부하지점까지의 전압강하($D_{2j} = I_j D_H$)

$D_H$ : 중부하시 변전소인출구에서 제일 먼 부하지점까지의 전압강하

$N_m$ : 주상변압기 탭비의 종류의 수

$D_L$ : 중부하시 L번째 주상변압기 탭비 변경지점까지의 전압강하

$\tau_n$ : 고압측으로 환산한 주상변압기 1탭의 전압차

N : 제1번째 탭구간의 주상변압기의 탭비

$\underline{t}$ : 중부하시 주상변압기의 평균전압강하

$\underline{u}$ : 중부하시 저압배전선의 평균전압강하

$v_b$ : 저압수용가의 최적단자전압(우리나라의 경우 220V)

k : 배전용변전소 주변압기에서 인출되는 feeder 수

따라서 LDC 전압조정장치는 뱅크2차측에 임의의 부하전류 $\dot{I}$(역률 $\theta$)가 흐를 때, 그때의 뱅크 2차측의 전압(송출전압)을 $\dot{V}$라 하면, 가상부하중심점의 전압 $\dot{V}_B$는 $\dot{V} - \dot{I}(R+jX)$가 되어, $V_B > V_o + V_{RR}$($V_{RR}$은 그림 7.3의 전압비교기의 불감대폭으로 일반적으로 0.01 전후의 값임.)일 경우 뱅크의 주변압기 탭을 1탭 내리고, $V_B < V_o - V_{RR}$일 경우는 뱅크의 주변압기 탭을 1탭 올리도록 모델링될 수 있다. 이를 기본으로 하여 임의의 부하에 대한 LDC 전압조정장치의 탭동작은 그림 7.4와 같이 한다. 그림에서의 $D_{tap}$은 탭간격을 의미한다.

한편, 그림 7.3의 전압벡터도로부터 알 수 있는 바와 같이 역률각 $\theta$를 갖는 주변압기 2차측 부하전류 $\dot{I}$에 대한 송출기준전압 $\dot{V}_{ref}$는 근사적으로

$$V_{ref} = (Rcos\theta + Xsin\theta)I + V_o \tag{7-5}$$

와 같이 표현될 수 있어, 주변압기 이하의 임의의 부하전류 $\dot{I}$(역률 $\theta$)에 대한 최적송출전압은(송출기준전압)은 상기의 (7-5)식에 의해 결정되는 $V_{ref}$라고 할 수 있지만, 실제의

송출전압은 그림 7.3의 전압비교기의 동작불감대(일반적으로 1 ~ 2%정도)를 고려해서 "$V_{ref}\ \pm\ V_{RR}$(동작불감대)"로 된다.

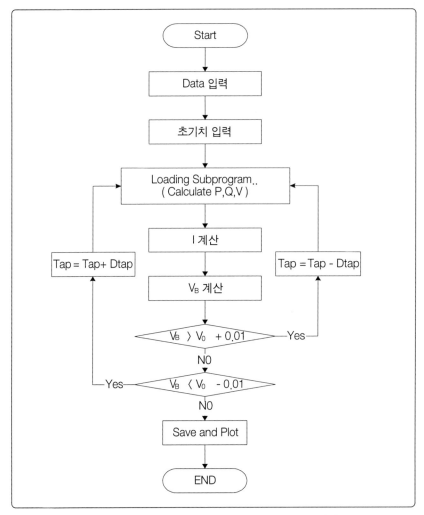

그림 7.4  뱅크 주변압기의 LDC 전압조정장치 모델링

## 03. 주변압기 모델링

ULTC(Under-Load Tap Changing) 주변압기의 내부임피던스는 변압기 정격기준 약 15%정도로써, 정확한 배전계통의 해석을 위해서는 반드시 고려되어야만 한다. 그러나 일반적으로 전원측을 무한 모선으로 가정하는 조류계산의 특성상 변압기를 주변압기 2차측에 연결되어있는 피더들과 직접 연결할 수가 없다. 따라서 이 부분을 해결하기 위하여 ULTC 변압기를 $\pi$ 등가회로로 그림 7.5와 같이 등가적으로 모델링하는 것이 일반적이다.

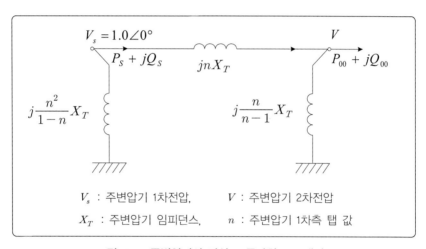

그림 7.5  주변압기의 단상 $\pi$ 등가회로 모델링

그림 7.5에서 $V_S$는 주변압기 1차측 전압을 나타내며, V는 주변압기 2차전압을 나타낸다. 여기서 탭위치는 1차측에 있는 것으로 하였으며, $P_S + jQ_S$는 주변압기 1차측 송출 유무효전력량을 나타내며 $P_{00} + jQ_{00}$는 주변압기 2차측 송출 유무효전력량을 나타낸다. 그림 7.5에서 주변압기 1차측의 전압은 크기가 1 p.u.이고 위상이 0인 것으로 한다. 위의 그림에서 $jnX_T$는 주변압기 내부임피던스이며 이것은 탭 비에 따라 가변된다. 주변압기 2차측에 연결되어있는 임피던스 $jnX_T/(n-1)$는 주변압기 2차측의 전압 및 탭 비에 따라 가변하는 정임피던스 부하로 가정할 수 있다. 따라서 조류해석 시 전압에 의존하는 정임피던스 부하로 처리된다.

# Chapter 08

# 배전계통의 조류해석

# 01. 조류해석 방법

지금까지 조류계산을 위해 사용되어 온 가장 일반적인 알고리즘들에는 주어진 전력계통
의 노드방정식과 어드미턴스를 이용한 Newton-Raphson Method(NR)와 Fast Decoupled
Load Flow Method(FDLF) 알고리즘 등이 있다. 하지만 이러한 알고리즘들은 선로의 R/X
비율이 비교적 작은 송전 계통의 경우에는 그 수렴 특성이 우수하여 적용 가능하나, 상대
적으로 비율이 큰 방사상 배전계통의 경우에는 수렴특성이 좋지 않다.

이와 같은 문제점을 해결하고자 많은 학자들이 연구한 결과, 배전계통에 있어서 각
노드의 전압의 크기, 각 구간(branch)의 송전단 또는 수전단의 유효전력과 무효전력, 각
구간의 임피던스로 표현되는 구간전력조류방정식(일명 DistFlow Equation)에 의한 조
류계산 알고리즘이 개발되었다. 그 대표적인 알고리즘을 소개하면 다음과 같다.

## 01. Backward-Forward Sweeping Method

❶ RENATO, C.G: 'New method for the analysis of distribution networks', IEEE
   Trans, Vol.5, No.1, Jan. 1990, pp.391-396

❷ SHIRMOHAMMADI, D., HONG, H.W., SEMLYEN, A., and LUO, G.X.: 'A
   compensation-based power flow method for weakly meshed distribution and
   transmission networks', IEEE Trans., Vol.3, No.2, May 1988, pp.753-762

❸ LUO, G.X. and SEMLYEN, A.,'Efficient Load Flow for Large weakly Meshed
   Networks', IEEE Trans., Vol.5, No.4, Nov. 1990, pp.1309-1316

❹ HAQUE, M.M., 'Efficient Load Flow Method for Distribution Systems with radial
   or mesh configuration', IEE Proc. Vol.143, No.1, Jan. 1996, pp.33-38

## 02. Forward Sweeping Method

❶ D. DAS, H.S. NAGI, and D.P. KOTHARI, 'Novel Method for Solving Radial
   Distribution Networks', IEE Proc. Vol.141, No.4, July 1994, pp.291-298

### 03. Newton-Raphson Method

❶ M.E. BARAN, and F.F. WU, 'Optimal sizing of Capacitors Placed on a Radial Distribution Networks', IEE Proc. Vol.141, No.4, July 1994, pp.291-298

본 책에서는 전체 노드에 대해서 일정한 순서의 넘버링을 함으로써 좀 더 효율적이며 유리한 2항의 ❶ D. DAS의 'Forward Sweeping Method'와 최적조류계산의 확장이 가능한 3항의 ❶ M.E. BARAN,과 F.F. Wu의 NR Method를 이용한 조류해석 방법을 소개하기로 한다.

## 02. Forward Sweeping Method

이 해석방법은 1994년에 D.Das, H.S. Nagi, D.P.Kothari가 낸 'Novel method for solving radial distribution networks'라는 논문을 기반으로 작성된 것이다. 여기서 각각 lateral(지선, 이하 lateral로 표기함)이 없는 경우와 있는 경우로 나누어 설명하기로 한다.

### 01. 주간선(Main Feeder)만이 존재하는 경우

간단한 경우의 예로 주간선만이 존재하는 그림 8.1과 같은 배전선로를 생각하자.

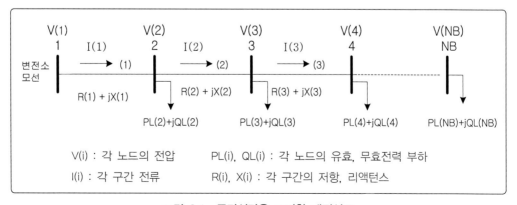

그림 8.1  주간선만을 고려한 배전선로

그림 8.1에 대한 관계식을 기술하면 다음과 같다.

$$P_{(i+1)} = \sum_{j=i+1}^{NB} PL_{(j)} + \sum_{j=i+1}^{NB-1} LP_{(j)} \tag{8-1}$$

$$Q_{(i+1)} = \sum_{j=i+1}^{NB} QL_{(j)} + \sum_{j=i+1}^{NB-1} LQ_{(j)} \tag{8-2}$$

$$|V_{(i+1)}| = [\{(P_{(i+1)}R_{(i)} + Q_{(i+1)}X_{(i)} - 0.5|V_{(i)}|^2)^2 - (R_{(i)}^2 + X_{(i)}^2)(P_{(i+1)}^2 + Q_{(i+1)}^2)\}^{0.5} \\ - (P_{(i+1)}R_{(i)} + Q_{(i+1)}X_{(i)} - 0.5|V_{(i)}|^2)]^{0.5}$$

$$\tag{8-3}$$

여기서 각 구간의 손실을 $LP_{(i)}$, $LQ_{(i)}$라 하면, 다음의 식으로 표현할 수 있다.

$$LP_{(i)} = \frac{R_{(i)} \cdot (P_{(i+1)}^2 + Q_{(i+1)}^2)}{|V_{(i+1)}|^2} \tag{8-4}$$

$$LQ_{(i)} = \frac{X_{(i)} \cdot (P_{(i+1)}^2 + Q_{(i+1)}^2)}{|V_{(i+1)}|^2} \tag{8-5}$$

단, $NB$ : 주간선에서의 전체 노드 개수

$i$ : 노드번호

$j$ : 선로번호

PL(i) : 각 노드의 유효전력부하

QL(i) : 각 노드의 무효전력부하

LP(j) : 각 구간의 유효전력손실

LQ(j) : 각 구간의 무효전력손실

## 02. 주간선과 지선이 존재하는 경우

주간선과 지선이 존재하는 그림 8.2와 같은 배전계통을 고려해 보자.

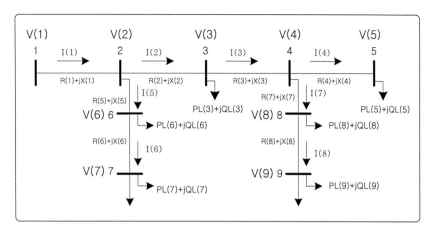

**그림 8.2  2개의 지선을 갖는 9개 버스의 배전계통**

여기서 각 지선의 유효, 무효전력 부하의 총합을 각각 $TP_{(L)}, TQ_{(L)}$로 하면,

$$TP_{(L)} = \sum_{i=LB_{(L)}}^{NN_{(L)}} PL_{(i)} + \sum_{j=LB_{(L)}}^{NN_{(L)}-1} LP_{(j)} \tag{8-6}$$

$$TQ_{(L)} = \sum_{i=LB_{(L)}}^{NN_{(L)}} QL_{(i)} + \sum_{j=LB_{(L)}}^{NN_{(L)}-1} LQ_{(j)} \tag{8-7}$$

단, $NL$ = 1,2,3,...  NL

$NN_{(L)}$ : 지선 L의 전체 노드 개수

$LB_{(L)}$ : 지선 L의 Source 노드 넘버의 다음 노드 넘버

$NL$   : 지선의 전체 개수

로 되며, "source 노드를 제외한 지선 L의 모든 노드의 유효전력 부하 합 + 지선 L의 모든 구간의 유효전력 손실의 합(주간선 제외)"을 $BP_{(L)}$로 하고, "source 노드를 제외한 지선 L의 모든 노드의 무효전력 부하 합 + 지선 L의 모든 구간의 무효전력 손실의 합(주간선 제외)"을 $BQ_{(L)}$로 하면

$$BP_{(L)} = \sum_{i=LB_{(L)}}^{EN_{(L)}} PL_{(i)} + \sum_{j=LB_{(L)}}^{EN_{(L)}-1} LP_{(j)} \tag{8-8}$$

$$BQ_{(L)} = \sum_{i=LB_{(L)}}^{EN_{(L)}} QL_{(i)} + \sum_{j=LB_{(L)}}^{EN_{(L)}-1} LQ_{(j)} \tag{8-9}$$

단, L = 2,3,... NL

$EN_{(L)}$ : 지선 L의 끝 노드

로 된다. 따라서 $SPL_{(L)}$을 "지선 L의 제외된 부분의 모든 노드의 유효전력 부하의 합 + 지선 L의 모든 구간에서의 유효전력 손실의 합"으로, $SQL_{(L)}$을 "지선 L의 제외된 부분의 모든 노드의 무효전력 부하의 합 + 지선 L의 모든 구간에서의 무효전력 손실의 합"으로 하고, $PS_{(L)}$는 "제외된 지선의 Source 노드를 제외한 모든 노드에서의 유효전력 부하의 합 + 모든 지선에서의 유효전력 손실의 합"으로, $QS_{(L)}$는 "제외된 지선의 Source 노드를 제외한 모든 노드에서의 무효전력 부하의 합 + 모든 구간에서의 무효전력 손실의 합" 으로 놓으면 그림 8.2에서의 $P_{(i)}, Q_{(i)}$를 차례로 구할 수 있게 된다. 즉, 그림 8.2에서의 $P_{(3)}, Q_{(3)}$을 구해보면

$$P_{(3)} = TP_{(1)} - PS_{(1)} - SPL_{(1)} \tag{8-10}$$
$$= TP_{(1)} - BP_{(2)} - PL_{(2)} - LP_{(2)}$$

$$Q_{(3)} = TQ_{(1)} - QS_{(1)} - SQL_{(1)} \tag{8-11}$$
$$= TQ_{(1)} - BQ_{(2)} - QL_{(2)} - LQ_{(2)}$$

와 같이 되고 $V_{(3)}$ 은

$$V_{(3)} = \left[\left\{(P_{(3)}R_{(2)} + Q_{(3)}X_{(2)} - 0.5|V_{(2)}|^2)^2 - (R_{(2)}^2 + X_{(2)}^2)(P_{(3)}^2 + Q_{(3)}^2)\right\}^{0.5}\right.$$
$$\left. - (P_{(3)}R_{(2)} + Q_{(3)}X_{(2)} - 0.5|V_{(2)}|^2)\right]^{0.5} \tag{8-12}$$

로 구해지며, $SPL_{(1)}, SQL_{(1)}$은 다음과 같이 계산될 수 있다.

$$SPL_{(1)} = PL_{(2)} + LP_{(2)} + PL_{(3)} + LP_{(3)} \tag{8-13}$$

$$SQL_{(1)} = QL_{(2)} + LQ_{(2)} + QL_{(3)} + LQ_{(3)} \tag{8-14}$$

$$PS_{(1)} = BP_{(2)} \tag{8-15}$$

$$QS_{(1)} = BQ_{(2)} \tag{8-16}$$

이로부터 $P_{(4)}$, $Q_{(4)}$를 구해 보면,

$$\begin{aligned}P_{(4)} &= TP_{(1)} - PS_{(1)} - SPL_{(1)}\\ &= TP_{(1)} - BP_{(2)} - PL_{(2)} - LP_{(2)} - PL_{(3)} - LP_{(3)}\end{aligned} \tag{8-17}$$

$$\begin{aligned}Q_{(4)} &= TQ_{(1)} - QS_{(1)} - SQL_{(1)}\\ &= TQ_{(1)} - BQ_{(2)} - QL_{(2)} - LQ_{(2)} - QL_{(3)} - LQ_{(3)}\end{aligned} \tag{8-18}$$

와 같은 식으로 얻어지게 된다. 마찬가지의 방법으로 계속 적용해 나가면 모든 $P_{(i)}$, $Q_{(i)}$를 계산할 수 있다. 이를 도식적으로 나타내면 그림 8.3과 같다.

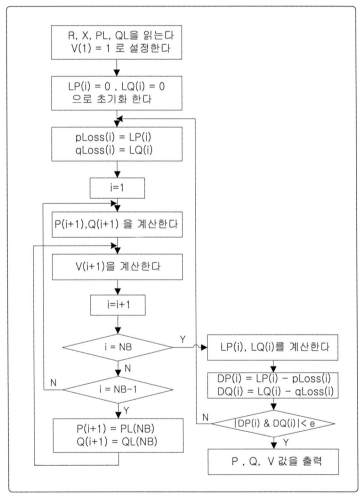

그림 8.3 방사상 배전계통에 대한 플로우차트

## 03. DistFlow Method

DistFlow Method는 1989년 M. E. Baran, F. F. Wu가 발표한 'Network Reconfi-guration in Distribution Systems for Loss Reduction and Load Balancing'과 동저자가 1994에 발표한 'Optimal sizing of Capacitors Placed on a Radial Distribution Networks'에 기초를 두고 있다.

### 01. 주간선만이 존재하는 경우

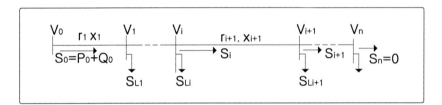

그림 8.4  주간선만을 고려한 배전계통

그림 8.4는 주간선만을 가진 배전계통을 나타낸다. $V_0$는 변전소의 모선 전압의 크기를 나타내고 일정하다고 가정한다. 선로는 직렬 임피던스 $z_l = r_l + jx_l$로 나타내고, 각 노드에서의 부하는 $S_L = P_L + Q_L$로서 일정한 전력이 각 버스에서 빠져나가는 것으로 한다. 그러면 다음과 같은 방정식이 성립한다.

$$P_{i+1} = P_i - r_{i+1}(P_i^2 + Q_i^2)/V_i^2 - P_{Li+1} \tag{8-19.1}$$

$$Q_{i+1} = Q_i - x_{i+1}(P_i^2 + Q_i^2)/V_i^2 - Q_{Li+1} \tag{8-19.2}$$

$$V_{i+1}^2 = V_i^2 - 2(r_{i+1}P_i + x_{i+1}Q_i) + (r_{i+1}^2 + x_{i+1}^2)(P_i^2 + Q_i^2)/V_i^2 \tag{8-19.3}$$

단, $P_i$, $Q_i$ : 노드 $i$에서 노드 $i+1$로 향하는 송전단의 유효, 무효 전력

　　　$V_i$ : 노드 $i$에서 전압의 크기

식(8-19)는 구간방정식(branch flow equation)이라 하고, 다음과 같은 형태를 갖는다.

여기서, 밑첨자 0은 주간선을 의미한다. i는 0에서 n-1이다.

$$x_{0i+1} = \mathbf{f}_{0i+1}(x_{0i}) \tag{8-20}$$

단, $x_{0i+1} = [P_i, \ Q_i, \ V_i^2]^T$

한편, 경계조건인 변전소 모선전압(일정), 주간선 마지막 노드에서의 유무효전력(0)에 대해서는 다음과 같은 식이 성립된다.

❶ 변전소 모선전압을 $V_{SP}$라 한다면,

$$x_{00_3} = V_0^2 = V_{SP}^2 \tag{8-21.1}$$

❷ 주간선에서의 마지막 노드에서는,

$$x_{0n_1} = P_n = 0, \quad x_{0n_2} = Q_n = 0 \tag{8-21.2}$$

식 (8-19)의 $3n$개의 구간방정식과 식(8-21)에서의 3개의 경계조건은 조류해석 방정식을 구성하게 되고, 이것은 다음과 같은 형태로 나타낼 수 있다.

$$G(x_0) = 0 \tag{8-22}$$

단, $x_0 = \begin{bmatrix} x_{00}^T & \ldots & x_{0n}^T \end{bmatrix}^T$이다.

주어진 부하 데이터, 선로 데이터를 사용하여 $3(n+1)$개의 DistFlow 방정식이 계통의 운전점을 결정하기 위해 사용된다. 그러나 직접적으로 계통의 운전점을 결정하기보다는 방정식의 수를 줄여 효과적으로 해석을 하는 것이 필요하다. 따라서 그림 8.4의 구간방정식 (8-19)를 살펴보면, 변수 $x$가 변전소인출구 유효, 무효전력 $p_0 = p_{00}$, $q_0 = q_{00}$의 함수 관계를 가지고 있으므로 대상 배전계통의 구간방정식을 나타내는 식(8-22)는 $\mathbf{H}(p_{00}, q_{00}) = \mathbf{H}(x_{00}) = 0$의 형태로 표현될 수 있다.

## 02. 주간선과 지선이 존재하는 경우

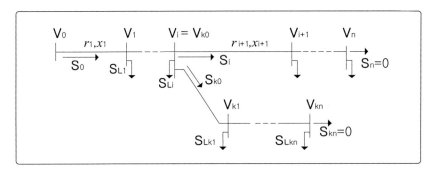

**그림 8.5 주간선과 지선을 고려한 배전선로**

그림 8.5와 같이 $n$개의 구간을 갖는 주간선과 각각 동일한 $n$개의 구간을 갖는 $k$개의 지선을 가진 방사상 배전계통을 생각해보자.

먼저 주간선에 대한 구간방정식을 구하여 보면 다음과 같다.

$$P_{i+1} = P_i - r_{i+1}(P_i^2 + Q_i^2)/V_i^2 - P_{L(i+1)} - P_{(i+1)0} \tag{8-23.1}$$

$$Q_{i+1} = Q_i - x_{i+1}(P_i^2 + Q_i^2)/V_i^2 - Q_{L(i+1)} - Q_{(i+1)0} \tag{8-23.2}$$

$$V_{i+1}^2 = V_i^2 - 2(r_{i+1}P_i + x_{i+1}Q_i) + (r_{i+1}^2 + x_{i+1}^2)(P_i^2 + Q_i^2)/V_i^2 \tag{8-23.3}$$

단, $P_{(i+1)0}$, $Q_{(i+1)0}$ : 노드 $i+1$에서 분기되는 지선으로 공급되는 유효, 무효 전력

여기서, $i$ 대신에 $i-1$을 대입하면 그림 8.5에서의 $i$번째 노드에서의 분기선을 고려한 구간방정식이 될 것이다.

한편, $n$개의 구간을 갖는 임의의 $k$번째 지선에 대한 구간방정식을 살펴보자. 임의의 변수로 사용한 $V_{k0}$와 지선말단에서의 추가되는 경계조건, $V_{k0} = V_k$, $P_{kn} = 0$, $Q_{kn} = 0$ 를 포함하면 식(8-19)와 같이 다음과 같은 $3(n+1)$개의 방정식으로 된다.

$$\boldsymbol{x_{ki+1}} = \mathrm{f}_{ki+1}(\boldsymbol{x_{ki}}) \quad 단, \ \boldsymbol{x_{ki}} = [P_{ki}, Q_{ki}, V_{ki}^2]$$

$$\boldsymbol{x_{k0_3}} = V_{k0}^2 = V_k^2 = \boldsymbol{x_{0k_3}}$$

$$\boldsymbol{x_{kn_1}} = P_{kn} = 0 \ , \ \boldsymbol{x_{kn_2}} = Q_{kn} = 0 \tag{8-24}$$

따라서, $n$개의 구간을 갖는 주간선과 각각 동일한 $n$개의 구간을 갖는 $k$개의 지선을 가진 방사상 배전계통은 식(8-23)과 식(8-24)에 의해 $3(n+1)(l+1)$개의 DistFlow 방정식이 생성된다. 주간선을 0번째 지선이라고 하고 지선이 0에서 $l$까지 있다고 가정하면 DistFlow 방정식은 다음과 같은 형태를 하게 된다.

$$G(x_0) = 0 \tag{8-25}$$

단, $x = \begin{bmatrix} x_1^T & \dots x_l^T x_0^T \end{bmatrix}^T$, $x_k = \begin{bmatrix} x_{k0}^T & \dots & x_{kn}^T \end{bmatrix}^T$, $k = 0, 1, \cdots, l$

상기 식은 역시 $x_k$가 $p_{k0}$, $q_{k0}$의 함수관계를 가지고 있으므로 식(8-25)는 $\mathbf{H}(p_{00}, q_{00}, p_{10}, q_{10}, \cdots, p_{l0}, q_{l0}) = \mathbf{H}(z_{00}^T, z_{10}^T, \cdots, z_{lo}^T]^T = \mathbf{H}(z^T)$로 표현될 수 있다.

## 03. DistFlow 방정식의 해석방법

DistFlow equation은 전술한 바와 같이 n개의 구간을 갖는 주간선상의 모든 노드에 지선을 갖는 경우 다음과 같은 2(n+1)개의 식으로 나타낼 수 있다.

$$\widehat{p_{0n}}(z_{10}^T, ..., z_{n0}^T, z_{00}^T) = 0$$
$$\widehat{q_{0n}}(z_{10}^T, ..., z_{n0}^T, z_{00}^T) = 0$$
$$\widehat{p_{1n}}(z_{10}^T, z_{00}^T) = 0$$
$$\widehat{q_{1n}}(z_{10}^T, z_{00}^T) = 0$$
$$\widehat{p_{2n}}(z_{10}^T, z_{20}^T, z_{00}^T) = 0$$
$$\widehat{q_{2n}}(z_{10}^T, z_{20}^T, z_{00}^T) = 0$$
$$\cdots\cdots\cdots\cdots\cdots\cdots$$
$$\widehat{p_{nn}}(z_{10}^T, ..., z_{n0}^T, z_{00}^T) = 0$$
$$\widehat{q_{nn}}(z_{10}^T, ..., z_{n0}^T, z_{00}^T) = 0$$

이것을 2(n+1) × 2(n+1)의 행렬식으로 나타내면 다음과 같다.

$$H(z) = 0 \qquad\qquad (8\text{-}26)$$

단, $z = \begin{bmatrix} z_{n0}^T & \ldots & z_{10}^T & z_{00}^T \end{bmatrix}^T$, $z_{k0} = \begin{bmatrix} p_{k0} & q_{k0} \end{bmatrix}^T$

Newton-Raphson Method(NR)을 사용하여 상기식의 $z$를 구해보면, j번째 설정치$z^j$로 부터 NR의 각 반복연산과정을 다음 3단계로 나눌 수 있다.

- 단계 1 : j=1에서의 임의의 초기치 $z^j$을 대입하여 $H(z^j)$의 값을 계산한다.
- 단계 2 : j=1에서의 Jacobian Matrix를 구성한다.

$$J(z^j) = \left. \frac{\partial H}{\partial z} \right|_{z = z^j}$$

- 단계 3 : 다음 식에 의거 j=1에서의 $\Delta z^j$를 구하여 오차범위를 만족하는지의 여부를 판단하고 아니면 $z^{j+1}$을 구하여 단계1로 돌아가서 오차가 만족범위에 들어갈 때까지 반복수행한다.

$$J(z^j)\Delta z^j = -H(z^j)$$

여기서, 주간선만 있는 배전선로에 대하여 계통에 적용해 보면, Chain Rule에 의해 Jacobian matrix는 2×2 행렬로 다음과 같이 표현된다.

$$J(z_{00}) = \begin{bmatrix} \dfrac{\partial \widehat{p_{0n}}}{\partial P_0} & \dfrac{\partial \widehat{p_{0n}}}{\partial Q_0} \\[3mm] \dfrac{\partial \widehat{q_{0n}}}{\partial P_0} & \dfrac{\partial \widehat{q_{0n}}}{\partial Q_0} \end{bmatrix} \qquad\qquad (8\text{-}27)$$

Chain Rule에 적용한 branch flow equation를 사용함으로써 $J(z_{00})$는 다음의 식 (8-28) 행렬의 (1,1), (1,2), (2,1), (2,2)요소로서 구성된다.

$$J = \begin{bmatrix} \partial \widehat{p_{0n}} / \partial \boldsymbol{x}_{0n-1} \\ \partial \widehat{q_{0n}} / \partial \boldsymbol{x}_{0n-1} \end{bmatrix} \begin{bmatrix} \dfrac{\partial \boldsymbol{x}_{0n-1}}{\partial \boldsymbol{x}_{0n-1}} \end{bmatrix} \cdots \begin{bmatrix} \dfrac{\partial \boldsymbol{x}_{0i}}{\partial \boldsymbol{x}_{0i-1}} \end{bmatrix} \cdots \begin{bmatrix} \dfrac{\partial \boldsymbol{x}_{01}}{\partial \boldsymbol{x}_{00}} \end{bmatrix} \tag{8-28}$$

$$\begin{bmatrix} \dfrac{\partial \mathbf{x}_{0i}}{\partial \mathbf{x}_{0i-1}} \end{bmatrix} = \begin{bmatrix} 1 - 2r_i \dfrac{P_{i-1}}{V_{i-1}^2} & -2r_i \dfrac{P_{i-1}}{V_{i-1}^2} & r_i \dfrac{(P_{i-1}^2 + Q_{i-1}^2)}{V_{i-1}^4} \\ -2x_i \dfrac{P_{i-1}}{V_{i-1}^2} & 1 - 2r_i \dfrac{Q_{i-1}}{V_{i-1}^2} & x_i \dfrac{(P_{i-1}^2 + Q_{i-1}^2)}{V_{i-1}^4} \\ -2(r_i - z_1^2 \dfrac{P_{i-1}^2}{V_{i-1}^2}) & -2(x_i - z_1^2 \dfrac{Q_{i-1}^2}{V_{i-1}^2}) & 1 - z_i^2 \dfrac{(P_{i-1}^2 + Q_{i-1}^2)}{V_{i-1}^4} \end{bmatrix} \tag{8-29}$$

여기서, $l$ 개의 지선이 있는 배전선로의 경우, DistFlow Method에서 System Jacobian matrix(이하 $J$)는 식(8-30)과 같이 $2(l+1) \times 2(l+1)$ 행렬로 되어 이 행렬의 각각의 요소를 구하는 것은 시간이 많이 소요되며, 그 역행렬을 구하는 것도 상당히 난해하다.

$$J = \begin{bmatrix} \boldsymbol{J}_{11} & 0 & 0 & 0 & \boldsymbol{J}_{10} \\ \boldsymbol{J}_{21} & \boldsymbol{J}_{22} & 0 & 0 & \boldsymbol{J}_{20} \\ \vdots & & \ddots & & \vdots \\ \boldsymbol{J}_{l1} & \boldsymbol{J}_{l2} & \dots & \boldsymbol{J}_{ll} & \boldsymbol{J}_{l0} \\ \boldsymbol{J}_{01} & \boldsymbol{J}_{02} & \dots & \boldsymbol{J}_{0l} & \boldsymbol{J}_{00} \end{bmatrix} \tag{8-30}$$

식 (8-30)의 비대각 요소들을 살펴보면, 특성상 거의 0에 가깝고, 또한 반복연산과정에 의해 더욱 그 값이 작아지므로 무시할 수 있으므로 다음의 식(8-31)과 같이 근사화시키는 것이 가능하다.

$$J = \begin{bmatrix} \boldsymbol{J}_{00} & \boldsymbol{J}_{01} & \dots & \boldsymbol{J}_{0l-1} & \boldsymbol{J}_{0l} \\ 0 & \boldsymbol{J}_{11} & 0 & 0 & 0 \\ \dots & & \ddots & & \dots \\ 0 & 0 & 0 & \boldsymbol{J}_{l-1l-1} & 0 \\ 0 & 0 & 0 & 0 & \boldsymbol{J}_{ll} \end{bmatrix} \tag{8-31}$$

그러나 많은 lateral을 포함한 배전선로에서 식(8-30) 행렬의 비대각 성분은 각각의 Jacobian 소행렬들이 서로 복합적으로 얽혀 있기 때문에 그 오차가 무시할 수 없을 정도로 커지므로 정확한 해를 구할 수 없게 된다. 이와 같이 DistFlow Method는 Jacabian 행렬식의 값이 거의 1에 가까운 값을 가지므로 항상 해를 구할 수 있다는 장점을 가진 반면 lateral이 증가하면 $J$의 행렬식이 커져 수렴속도가 늦어지고, sublateral을 포함하게 되면 각 data들의 numbering이 복잡해져 $J$의 구성이 어렵다. 그러므로 주간선을 포함한 각각의 lateral만으로 $2\times2$인 $J$를 구성하고, numbering는 각 lateral과 node로 첨자로 구별함으로써 sublateral 증가 시에 야기될 수 있는 문제를 해소할 수 있는 방법을 적용해야 한다. 즉, 주간선의 구간방정식(branch flow equation)에 대하여 계산해 나가는 도중에 lateral과 연결된 bus를 만나면 그 lateral에 대한 branch flow equation을 실행하여 lateral 초기 $P_{0k}$, $Q_{0k}$값들을 업데이트하여 나가고, 주간선의 마지막 버스에 다다르면 오직 $2\times2$인 $J$를 구성하여 $P_{00}$, $Q_{00}$값들을 새로이 수정해 가야 한다. 그림 8.6에 이에 대한 방법을 플로 차트 형태로 기술하여 둔다.

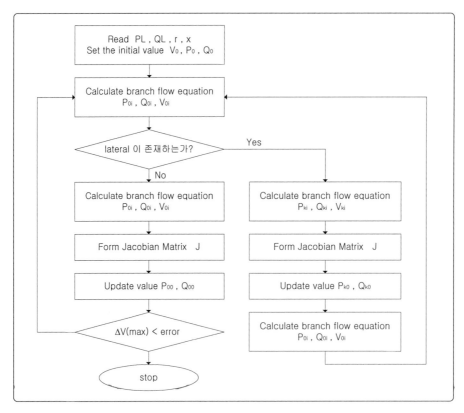

그림 8.6  DistFlow 방정식의 계산방법

## 04. 조류계산의 비교 평가

### 01. 모델계통의 선정

모델계통은 120모선에 기준용량, 기준전압 각각 100MVA, 22.9kV로 선정하였고, 부하는 균등부하로서 100m 간격의 각 모선에 $P_L$ = 0.00075pu., $Q_L$ = 0.000363pu.를 두었다. 또한, 선로임피던스는 r = 0.00347pu./km, x = 0.00746pu./km이고, main feeder 40 버스와 7개의 lateral 80버스를 사용하였다.

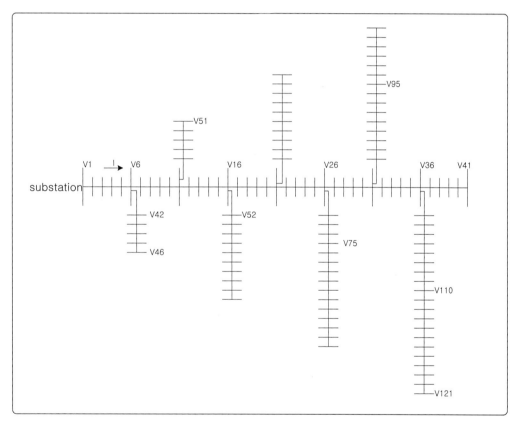

그림 8.7 Lateral이 있는 120모선 모델배전계통

## 02. 비교 평가

그림 8.7의 모델배전계통에 대하여 4가지 조류계산방법을 적용하여 본 결과를 표 8.1에 요약하였다. 비교의 기준은 일반 전력계통에 적용하는 노드방정식과 어드미턴스를 이용한 Newton-Raphson Method(NR)으로 하였고, 전술의 Forward Sweeping Method, DistFlow Method 및 그림 8.7의 DistFlow Method를 비교분석하였다. 전압오차, 반복회수, 연산시간의 측면에서 Forward Sweeping Method가 우수하다는 것을 알 수 있다.

**표 8.1  조류해석결과 비교**

| 항 목 | Newton-Raphson Method | Forward Sweeping Method | DistFlow Method | 그림 8.7에 의한 방법 |
|---|---|---|---|---|
| 전압 오차 | 기준 | − 0.00015 | − 0.0003 | − 0.0003 |
| 반복 회수 | 4 | 4 | 6 | 5 |
| 연산 시간(s) | 23.5 | 0.5 | 2.6 | 0.6 |

## 05. DistFlow Method의 개선된 방법[29][37][43][44]

대부분의 송전 및 배전계통에 대한 조류해석은 Gauss-Seidel과 Newton-Raphson method를 주로 사용해왔다. 그러나 배전계통은 대부분 방사상이고, 송전계통에 비해 R/X 비율이 매우 크기 때문에 이 두 방법을 배전계통에 적용하는 데는 비효율적이라는 문제점을 가지고 있다. 그런데 1989년 Baran과 Wu에 의해 제안된 Distflow method는 역행렬(admittance matrix)을 사용하지 않고, 방사상 계통에 적합한 branch equation과 그 system jacobian의 determinant가 거의 1에 가깝다는 성질을 이용하여 해가 항상 구해질 수 있다는 우수한 장점을 가지고 있다. 이 Distflow method 이론은 참고문헌 [36]에서 System Jacobian을 메인 피더를 포함한 각각의 지선들 및 하위지선으로 나누어 해석할 수 있도록 향상되었다. 그러나 실 배전계통은 배전용변전소의 주변압기 2차 측에 여러 개의 피더가 동시에 연결되어 있으며, 또한 여러 개의 지선 및 하위 지선들을 가지고 있어 Distflow method를 적용하는데 한계가 있다. 따라서 본 절에서는 이러한 문제점을 해결하기 위하여 주변압기에서 인출되는 다수의 피더를 처리하기 위한 더미 버스와 브랜치를 이용하는 방법과, 지선 및 하위 지선들을 처리하기 위한 넘버링 방법을 기존의 Distflow method에 적용하는 조류계산방법을 소개한다.

## 01. 개선된 Distflow method

기존의 Distflow method에 위에서 언급한 주변압기에서 인출되는 다수의 피더 처리 방법과 하위 지선들 및 하위지선을 처리하는 방법을 이용하여 개선된 조류계산방법을 소개한다. 만약 $l$개의 지선이 있는 경우에 메인 피더를 지선 "0"으로 간주한다면, 지선 "0"부터 $l$까지 모든 지선들에 대해 독립적으로 Distflow equation을 이용하여 각 지선의 $P_{ik}$, $Q_{ik}$, $V_{ik}$를 산출하고, 산출된 각 지선의 초기 $P_{i0}$, $Q_{i0}$ 값들을 업데이트하여 나감으로써 조류계산수행이 가능하게 된다.

## 02. 주변압기에서 인출되는 다수의 피더 처리 방법

실 배전계통은 배전용변전소 주변압기 2차측 직하에 4 ~ 6개의 피더가 동시에 연결되어 있다. 그러나 기존의 Distflow method를 이용한 조류계산으로는 이 부분에 대한 처리가 곤란하다. 이것은 주변압기 2차 측과 각각의 피더사이에 $r = x = P_L = Q_L = 0$인 가상노드(Dummy bus) 가상구간(Dummy branch)를 사용하여 해결할 수 있다.

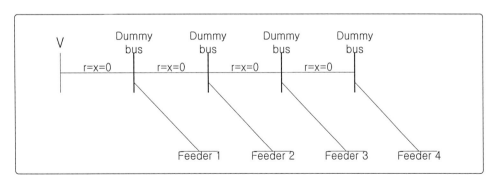

그림 8.8 가상노드와 가상구간을 이용한 다수피더 처리방법

가상노드와 구간이란 가상의 노드와 구간을 의미하며, 가상구간은 임피던스가 "0"이
며, 가상노드에는 부하가 없다. 그림 8.8은 하나의 모선에 4개의 피더가 동시에 연결되
어 있는 경우에 대한 간단한 가상노드와 구간 모델을 보여주고 있다. 이 때 V는 주변압
기 2차측의 전압을 의미하며, 가상노드의 개수는 주변압기 직하에 연결되어있는 피더의
수와 같다. 그림 8.8에서와 같은 가상노드에서는 전압강하 없이 모든 노드의 전압 값이
동일하게 된다. 즉, 모든 가상노드에서의 전압은 주변압기 2차측의 전압과 같게 되어 모
든 피더가 주변압기 2차측에 직접 연결된 것과 같게 된다.

## 03. 하위 지선들의 처리 방법

실 배전계통에서는 다수의 지선 및 하위 지선들을 갖고 있으므로, 여기에서는 이들에
대한 넘버링 방법을 제시한다. 우선, 본 논문에서는 메인 피더를 포함한 지선 및 하위지
선들을 각각 하나의 지선으로 간주한다.

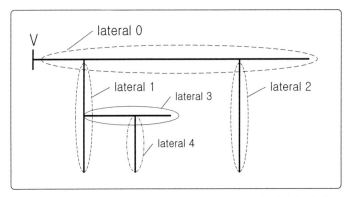

그림 8.9  다수의 지선 및 하위 지선들을 갖는 경우의 넘버링 방법

먼저, 모든 피더를 각각의 지선으로 간주하고 각각의 피더에 지선 번호를 부여한다.
지선 번호 부여는 주변압기 직하에 연결되어있는 메인 피더로부터 하위 지선으로 가면
서 순차적으로 부여한다. 만약 $l$개의 지선이 있는 경우에 메인 피더를 지선 0으로 간주
한다면, 지선 0부터 $l$까지 모두 $l+1$개의 지선이 생성된다. 예를 들면, 그림 8.9와 같은
배전계통에 대한 넘버링 방법은 처음 메인 피더를 지선 0으로 하고, 다음의 하위 지선들

을 배전용변전소에서 가까운 지점으로부터 지선 1과 지선 2로 한다. 다음으로 하위지선에 대한 넘버링을 하고, 계속해서 하위-하위지선, 하위-하위-하위지선 순으로 넘버링을 수행한다. 이 때 넘버링은 각 지선과 노드의 첨자로 구별하여 하위지선 증가 시에 야기될 수 있는 문제를 해소하였다. 예를 들면, Vi, k에서 i는 메인 피더를 포함한 지선의 번호, k는 i번째 지선의 노드 번호를 나타내는 것으로 하면, Vi, k는 i번째 지선의 k번째 노드의 전압의 크기가 된다. 모든 지선에 넘버링이 끝나면 position matrix를 생성한다. Position matrix는 지선들의 정보를 갖는 행렬로써, 개선된 조류계산 알고리즘에서 다수의 지선 및 하위지선들에 대한 조류계산을 수행하는데 이용된다. 그림 8.10은 Distflow method를 이용한 기존의 조류계산 프로그램에 제안된 주변압기 임피던스, 가상노드와 구간 및 새로운 지선들 넘버링 방법을 추가하여 개선된 조류계산 알고리즘의 플로 차트를 나타낸다.

메인 피더를 포함해서 $l$개의 지선들을 갖는 배전계통에 대한 개선된 조류해석 알고리즘은 아래와 같은 8단계로 나눌 수 있다.

- 단계 1 : 주변압기의 $\pi$ 등가회로를 구성한다.
- 단계 2 : 피더의 개수만큼 가상노드와 구간을 주변압기 2차측에 연결한다.
- 단계 3 : 메인 피더를 포함하여 모든 하위 지선들과 하위지선에 대하여 넘버링을 수행한다.
- 단계 4 : Position matrix를 생성한다.
- 단계 5 : 데이터 값을 읽어온다.(부하용량, 선로데이터, 분산전원용량 등)
- 단계 6 : 지선 0의 처음 노드부터 마지막 노드까지 $P_{ik}$, $Q_{ik}$, $V_{ik}^2$을 구한다.
- 단계 7 : System jacobian matrix를 구성한다.
- 단계 8 : 지선의 처음 노드의 $P_{i0}$, $Q_{i0}$를 업데이트 한다.
- 단계 9 : 지선 $l$까지 단계 6 ~ 단계 7을 반복한다.
- 단계 10 : 수렴치에 만족할 때까지 단계 6 ~ 단계 9를 반복한다.

그림 8.10은 위에서 언급한 기존 Distflow method의 단점을 보완한 개선된 조류계산

알고리즘의 flowchart로 이 알고리즘을 이용하면 지선, 하위지선들 및 하위 지선들로 구
성되는 모든 복잡한 배전계통에 대한 모델링과 조류계산이 쉽게 이루어질 수 있다.

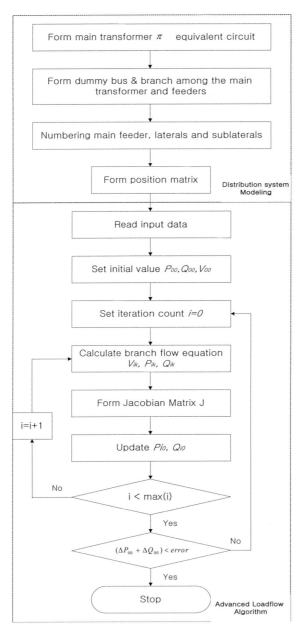

그림 8.10  개선된 DistFlow Method의 조류계산 알고리즘

## 06. 분산전원이 도입된 배전계통 조류해석방법

Distflow method는 Distflow branch equation이라는 반복적인 연산 식을 사용하여 해를 구한다[35]. 먼저 그림 8.11과 같은 분산전원이 연계된 방사상 배전계통을 고려하기로 한다.

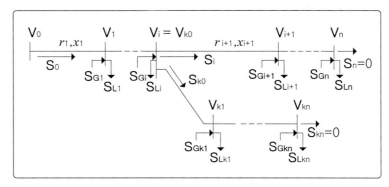

그림 8.11  분산전원이 연계된 방사상 배전계통

변전소의 인출전압의 크기는 $V_0$ 각 구간의 임피던스를 $z_i = r_i + jx_i$, 각 버스의 부하를 $S_{Li} = P_{Li} + jQ_{Li}$, 그리고 각 버스에 유입되는 분산전원을 $S_{Gi} = P_{Gi} + jQ_{Gi}$ 로 하면 식(8-32) ~ 식(8-34)과 같은 방정식이 성립한다.

$$P_{i+1} = P_i - r_{i+1}(P_i^2 + Q_i^2)/V_i^2 - P_{Li+1} + P_{Gi+1} - P_{(i+1)0} \tag{8-32}$$

$$Q_{i+1} = Q_i - x_{i+1}(P_i^2 + Q_i^2)/V_i^2 - Q_{Li+1} + Q_{Gi+1} - Q_{(i+1)0} \tag{8-33}$$

$$V_{i+1}^2 = V_i^2 - 2(r_{i+1}P_i + x_{i+1}Q_i) + z_{i+1}^2(P_i^2 + Q_i^2)/V_i^2 \tag{8-34}$$

여기서,

$P_i$, $Q_i$ : 노드 i에서 구간 i+1로 향하는 유효, 무효전력

$P_{Gi}$, $Q_{Gi}$: 노드 i로 유입되는 분산전원의 유효, 무효전력

$P_{(i+1)0}$, $Q_{(i+1)0}$: 노드 i+1에서 분기되는 지선으로 공급되는 유효, 무효전력

$V_i$ : 노드 i에서 전압의 크기

$z_i$ : 노드 i에서 임피던스의 크기

식(8-32)~식(8-34)은 branch flow equation이며, 일명 Distflow equation이라 불린다. Distflow method에서는 변전소인출구의 전압이 일정하다는 것과 선로말단에서의 유효전력과 무효전력이 "0"라는 경계조건을 이용하여 위의 식(8-32)~식(8-34)을 반복연산을 통하여 해를 구한다.

실 배전계통은 다양한 부하가 혼재되어있는 합성부하 형태로 구성되어 있다. 합성부하는 정전력, 정전류, 정임피던스로 구성된 부하를 말하며, 일반적으로 식(8-35) ~ 식(8-36)과 같이 표현된다.

$$P_{Li}(V_i) = P_{L0i}[a_{pi} + b_{pi}V_i + c_{pi}V_i^2] \qquad (8\text{-}35)$$

$$Q_{Li}(V_i) = Q_{L0i}[a_{qi} + b_{qi}V_i + c_{qi}V_i^2] \qquad (8\text{-}36)$$

여기서,

$P_{L0}$, $Q_{L0}$ : 정격 전압에 대한 유효, 무효전력

$a_{pi}$, $a_{qi}$ : 정전력부하 성분계수

$b_{pi}$, $b_{qi}$ : 정전류부하 성분계수

$c_{pi}$, $c_{qi}$ : 정임피던스부하 성분계수

# Chapter 09

# 배전계통 모델링 및 전압해석

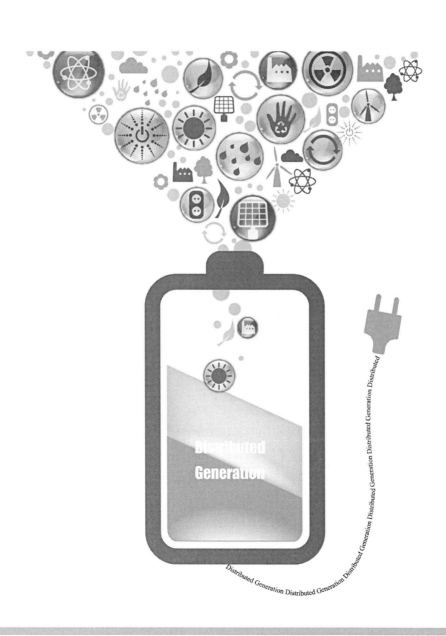

## 01. 표준 모델 배전계통[1][43][44]

분산전원이 LDC 전압조정방식에 의해 전압조정 되고 있는 기존의 배전계통에 연계되었을 경우의 전압변동영향을 분석하기 위한 대상 배전계통의 모델링은 국내의 배전계통을 기준으로 하여 배전용 변전소 주변압기에 다음과 같은 4가지 형태의 부하특성을 갖는 피더가 연결된 것으로 하였다.

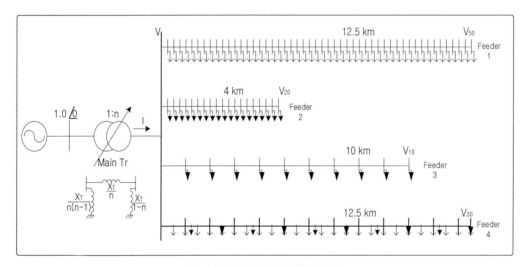

그림 9.1 표준 배전계통 모델

그림 9.2 모델배전계통에서의 피더 1(선로특성 : 농촌 및 주거지역 배전선로, 긍장 12.5km, 부하노드 : 0.25km 간격으로 50개의 부하노드, 지상역률 0.9의 정전력부하, 중부하시 10MVA*0.9 (부하역률)/50개/100MVA p.u., 경부하시는 중부하시의 1/4)

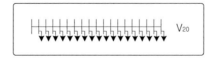

그림 9.3 모델계통에서의 피더 2(선로특성 : 도시 상업지역 배전선로, 긍장 4km, 부하노드 : 0.2km 간격으로 20개의 부하노드, 지상역률 0.9의 정전력부하, 중부하시 10MVA*0.9(부하역률)/20개/100MVA p.u., 경부하시는 중부하시의 1/4)

그림 9.4  모델배전계통에서의 피더 3(선로특성 : 공장지역 배전선로, 긍장 10km, 부하노드 : 1km 간격으로 10개의 부하노드, 지상역률 0.9의 정전력부하, 중부하시 10MVA*0.9(부하역률)/10개/100MVA p.u., 경부하시는 중부하시의 1/4)

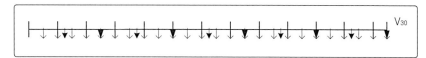

그림 9.5  모델배전계통에서의 피더 4(선로특성: 공장, 상가 및 주거지역이 혼합되어 있는 지역 배전선로, 긍장 1.25km, 부하노드 : 0.5km 간격으로 0.1MVA 부하노드 25개, 2.5km 간격으로 0.5MVA 부하노드 5개, 2.5km 간격으로 1MVA 부하노드 5개, 모두 지상역률 0.9의 정전력부하, 경부하시는 중부하시의 1/4)

  국내의 한국전력 전기공급규정에 따르면 22.9kV 배전선로에 대해서는 회선 당 기준 용량 및 상시운전용량이 모두 10MVA이다. 따라서 모델배전계통의 각각의 피더 용량은 10MVA로 선정하였으며, 피더 1은 농촌 및 주거지역을 피더 2는 도시상업지역을 피더 3은 공장지역을 그리고 피더 4는 혼합되어 있는 지역을 모델 계통으로 선정하였다. 이 계통의 특징을 하기에 상세히 기술한다.

- 주변압기의 1차측 전압 : $1.0\angle 0°$
- Base MVA = 100MVA, Base kV = 22.9kV
- 각각의 피더 용량 : 10MVA
- 피더 1 : 농촌 및 주거지역
- 피더 2 : 도시상업지역
- 피더 3 : 공장지역
- 피더 4 : 혼합되어 있는 지역
- 주변압기의 임피던스 Z = j0.333p.u.
- 배전선로의 임피던스 Z = 0.0347 + j0.0746p.u./km
- 중부하시 주상변압기의 평균전압강하 : 2%

- 경부하시 주상변압기의 평균전압강하 : 0.5%
- 중부하시 저압배전선의 평균전압강하 : 6%
- 경부하시 저압배전선의 평균전압강하 : 1.5%
- 중부하시 수용가 인입선 평균전압강하 : 2%
- 경부하시 수용가 인입선 평균전압강하 : 0.5%
- 주상변압기의 5% Tap 비 : 13200 : 230
- LDC의 탭 간격 : 0.01p.u.
- 저압수용가 단자전압 허용범위 : 207V ~ 233V

그림 9.1의 모델배전계통에서 주변압기 1차 전압의 크기는 1.0p.u.이고 전압위상이 0 인 무한모선으로 가정하였고, 주변압기는 π 등가회로로 변경하였으며 4개의 피더가 주변압기 2차측 모선으로부터 동시에 분기하는 것으로 모델링을 하였다.

## 02 분산전원이 연계되지 않은 배전계통의 전압해석

분산전원이 연계되지 않은 배전계통의 전압해석을 위해 제1절에서 선정된 표준 배전계통에 대하여 송출기준전압과 송출전압의 특성분석 및 부하의 상태(중부하 및 경부하)에 따른 전압해석을 다음과 같이 수행한다.

### 01. 전압해석 조건 설정

#### ◎ 국내 배전계통 전압관리현황

국내 한국전력의 배전 전압관리 업무지침(2003년 2월, 송변전처 변전운영팀)에 의거하면 국내 배전계통의 전압관리기준은 다음과 같이 요약된다.

❶ 수용가 단자전압이 30분 평균전압으로 규정전압 범위인 220V±13V를 벗어나는 일이 없도록(부적정 전압이 발생하지 않도록) 한다.

❷ 배전용변전소 송출전압 관리기준

- 전압강하 5% 이내의 선로에 대해서는 22.9kV 기준으로 하여 선로전압변동범위가 -2.5% ~ +2.5% 범위 내에서 유지되도록 한다. 이를 위해서는 LDC 동작을 제한하도록 하는 DVM(Digital Volt Meter) 장치를 사용하여

  - DVM 설정 상한치 : 23.53kV(1.026pu)
  - DVM 설정 하한치 : 22.40kV(0.978pu)

  로 설정하고, LDC에 의한 부하중심점의 전압유지 목표치를 22.7kV(0.99pu)로 한다.

- 전압강하 5%초과 선로에 대해서는 22.9kV기준으로 하여 선로전압변동범위가 -1% ~ +4% 범위 내에서 유지되도록 한다. 단, 과전압발생우려가 있는 개소에 대하여는 ±4% 범위 내에서 유지되도록 한다.

- 부하시 탭절환(OLTC : On-Load Tap Changing) 변압기의 탭수는 총 17개로 그 조정범위는 상하 ±10%로 되어 있어 1탭은 1.25%(총 20% ÷ 16개(간격 수), 그 대역폭은 1.25% × (0.75 ~ 1.0) = 0.93 ~ 1.25%로 한다.

❸ 배전설비별 전압강하 배분한도는 다음과 같이 한다.

- 특고압 22.9kV 배전선로 : 10% 이내
- 저압 380V/220V 설비 : 10% 이내(Ptr 2%, 저압선 6%, 인입선 2%)

◎ LDC 정정계수

상기의 가항과 8장의 내용에 근거하여 분산전원이 연계되지 않은 배전계통의 전압해석 대상으로 제 1절에서 선정된 그림 9.1의 모델 배전계통에 대하여 전압해석을 수행한다. 그림 9.1의 모델 배전계통에 대하여 식(7-4)를 적용한 결과 중부하시 최대부하전류 및 부하역률, 그리고 경부하시의 최소부하전류는 각각 $I_{max} = 0.38747$p.u., $\cos\theta_{max} = 0.89208$, $I_{min} = 0.09198$p.u.,로 되어, 이때의 $V_{spo,max} = 1.09637$p.u., $V_{spomin} = 1.00801$p.u.로 구하여진다. 이것을 기본 데이터로 하여 식(7-1) ~ 식(7-.3)에 의거하여 LDC전압조정장치내부의 정정계수를 구하면 각각 R = 0.16365, X = 0.08288, $V_0$ = 0.97245로 된다.

○ 저압수용가 적정전압유지를 위한 특고압선로의 적정전압유지범위

수용가의 단자전압을 항상 적정범위 이내로 유지한다는 것은 양질의 전력을 공급한다는 측면에서 매우 중요한 사항으로 배전계통의 운용자는 모든 수용가의 단자전압이 적정범위 이내로 유지되는지의 여부를 정확히 판단할 필요가 있다[37]. 그러나 기존의 조류계산을 이용한 각 노드의 전압은 저압수용가의 단자전압이 아니라, 특고압 선로에 대한 전압값으로, 산출된 노드의 전압값이 저압수용가의 규정전압유지범위를 만족하는지의 여부를 알기 위해서는 하기의 방법과 같이 저압배전선의 전압허용범위(220V ± 6%)를 22.9kV 특고압 선로의 전압허용범위로 환산할 필요가 있다. 이 때 22.9kV 특고압 선로의 전압허용범위를 산출하기 위해서는 특고압 선로측의 전압인 주상변압기 1차측으로부터 저압수용가의 수전단에 이르기까지의 전압강하성분인 주상변압기 전압강하, 저압선 전압강하 및 수용가 인입선 전압강하를 고려하여야만 한다.

주상변압기이하 저압선로의 말단수용가의 단자전압을 207 ~ 233V 내로 유지하기위한 22.9kV 선로측의 전압유지범위는 주상변압기 전압강하 $\Delta v_{Ptr}$, 저압선 전압강하 $\Delta v_{low}$, 및 수용가 인입선 전압강하 $\Delta v_{ent}$를 고려하면 다음과 같이 표현할 수 있다.

$$0.94 \times \frac{220}{230} \leq V_{22.9,pu} \times \frac{230/230}{13200 \times \sqrt{3}/22900} - \Delta v_{Ptr,pu} - \Delta v_{low,pu} - \Delta v_{ent,pu}$$

$$\leq 1.06 \times \frac{220}{230} \tag{9-1}$$

여기서,

$V_{22.9,pu}$ : 22.9kV 선로측의 전압

$\Delta v_{Ptr,pu}$ : 주상변압기 전압강하(230V 기준 pu)

$\Delta v_{low,pu}$ : 저압선 전압강하(230V 기준 pu)

$\Delta v_{ent,pu}$ : 수용가 인입선 전압강하(230V 기준 pu)

또한, 주상변압기(P.tr) 직하수용가의 단자전압을 207V ~ 233V 내로 유지하기 위한 22.9kV 선로측의 전압유지범위는 주상변압기 전압강하 $\Delta v_{Ptr}$ 및 수용가 인입선 전압강

하 $\triangle v_{ent}$를 고려하면 식(9-2)와 같이 표현할 수 있다.

$$0.94 \times \frac{220}{230} \leq V_{22.9,pu} \times \frac{230/230}{13200 \times \sqrt{3}/22900} - \Delta v_{Ptr,pu} - \Delta v_{ent,pu} \leq 1.06 \times \frac{220}{230}$$

$$(9-2)$$

식(9-1)과 식(9-2)로부터 주상변압기 이하의 모든 저압수용가가 적정유지전압을 만족하기 위한 22.9kV 선로측의 유지범위는 주상변압기 직하수용가 및 말단수용가의 단자전압을 모두 만족시켜야 하므로 위의 두 식은 다음과 같이 식(9-3)으로 바꿀 수 있다.

$$\left(0.94 \times \frac{220}{230} + \Delta v_{Ptr,pu} + \Delta v_{ent,pu} + \Delta v_{low,pu}\right) \times 0.9984 \leq V_{22.9,pu}$$

$$\leq \left(1.06 \times \frac{220}{230} + \Delta v_{Ptr,pu} + \Delta v_{ent,pu}\right) \times 0.9984 \qquad (9-3)$$

식(9-3)으로부터 부하상태 및 분산전원의 출력량에 따른 저압배전선의 전압허용범위 (220±6%)를 22.9kV 특고압 선로의 전압허용범위로 환산한 적정전압유지범위를 알 수 있다. 따라서 배전실무자는 조류계산을 통해 산출된 결과로부터 전압해석을 수행하고자 하는 지점의 선로전압이 위의 적정전압유지범위를 만족하는지를 파악함으로써 배전계통의 전압조정이 잘 되고 있는지의 여부를 쉽게 알 수 있다.

표 9.1은 위에서 선정한 모델 배전계통의 전압해석을 위한 조건을 정리하여 나타내고 있다.

**표 9.1 모델 배전계통의 전압해석을 위한 설정조건**

| | | |
|---|---|---|
| 기준 용량과 전압 | 기준용량(MVA) | 100 |
| | 기준선간전압(kV) | 22.9 |
| 주변압기 | 정격용량(MVA) | 45/60 |
| | %Z | j33.3 % |

| 배전선로 | 정상분%Z | 3.47 + j7.46 %/km |
| | 선로용량 | 10 MVA/피더 |
| | 피더수 | 4 |
| | 피더 1 | 농촌주택지역 |
| | 피더 2 | 도시상업지역 |
| | 피더 3 | 공장지역 |
| | 피더 4 | 혼합지역 |
| LDC 전압조정장치 정정계수 | R | 0.16365p.u. |
| | X | 0.08288p.u. |
| | V0 | 0.97245p.u. |
| | 탭간격 | 0.01p.u. |
| | 데드밴드($V_{RR}$) | 0.01p.u. |
| 주상변압기 | 탭비 | 13200V : 230V |
| | 중부하시 전압강하 | 2%(230V기준 1.913%) |
| 저압배전선로 | 중부하시 전압강하 | 6%(230V기준 5.739%) |
| | 중부하시 인입선 전압강하 | 2%(230V기준 1.913%) |
| | 수용가 적정유지범위 | 207V ~ 233V |
| 수용가 전압 적정유지를 위한 22.9kV 선로의 적정전압유지범위 | 중부하시 | 1.0505 ~ 0.9932p.u. |
| | 경부하시 | 1.0219 ~ 0.9216p.u. |

## 02. 배전계통 전압해석

### ◎ 송출전압과 송출기준전압의 변화특성

분산전원이 도입되지 않은 표준 모델배전계통의 전압특성을 살펴보기로 한다. 그림 9.6은 분산전원의 연계가 고려되지 않은 기존배전계통에 있어서 주변압기 임피던스를 고려하지 않은 경우 LDC 동작에 의해 부하가 경부하에서 중부하로 그리고 중부하에서 경부하로 변화 시 송출기준전압변화와 송출전압변화에 대한 동작특성을 보여주고 있다. 그림 9.6에서 세로축은 전압의 크기를 p.u. 단위로 나타내고 있으며, 가로축은 최대부하를 1.0으로 정규화한 부하값을 나타내며, 주변압기의 송출전압은 송출기준전압을 중심으로 하여 LDC 장치내부의 전압비교기의 동작불감대($V_{RR}$) ±0.01 p.u.내로 조정되고 있으며 탭 간격은 0.01 p.u.이다.

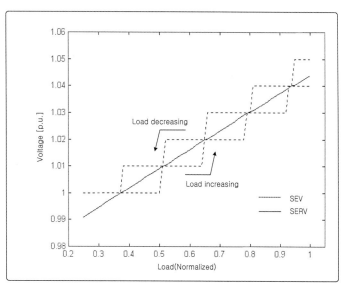

그림 9.6  주변압기 임피던스를 고려하지 않은 경우 송출기준전압 변화와 송출전압변화

그림 9.7는 분산전원의 연계가 고려되지 않은 기존배전계통에 있어서 주변압기 임피
던스를 고려한 경우 부하가 경부하에서 중부하로 그리고 중부하에서 경부하로 변화해
갈 때의 송출기준전압변화와 송출전압변화에 대한 동작특성을 보여주고 있다. 그림 9.6
과 그림 9.7에서 알 수 있듯이 주변압기 임피던스를 고려하지 않은 경우와 고려한 경우
부하증감에 따른 ULTC의 탭 동작 횟수는, 주변압기 임피던스를 고려하지 않은 경우에
는 부하 증감에 따른 탭 동작횟수가 부하증가 시에 4회, 부하감소 시 5회로 나타났으나
주변압기 임피던스를 고려한 경우에는 부하 증감에 따른 탭 동작횟수는 부하증가 시 및
감소 시 모두 10회로 주변압기 임피던스를 고려하지 않은 경우에 비해 2배 이상 차이를
보이고 있다. 또한 그림 9.7로부터 부하의 증감은 LDC의 탭 위치가 바뀌기 전이라도 주
변압기 내부임피던스에 의해 주변압기 2차측 전압의 증감을 초래한다는 것을 알 수 있
다. 따라서 부하가 증가하는 때와 감소하는 때에 따라 같은 부하의 상태라 할지라도
LDC의 탭 위치가 다를 수 있다. 이것은 주변압기의 내부 임피던스가 클수록 부하량에
따른 LDC 탭 변경 횟수가 많아지고 전압강하 및 상승폭이 커진다. 반대로 주변압기 내
부 임피던스가 작을 경우 부하량에 따른 LDC 탭 변경 횟수는 작아지고 전압상승 및 강
하 시 전압변동폭이 작아진다. 따라서 조류해석을 수행 시에는 반드시 주변압기 임피던

스에 의한 전압강하를 고려하여야만 한다.

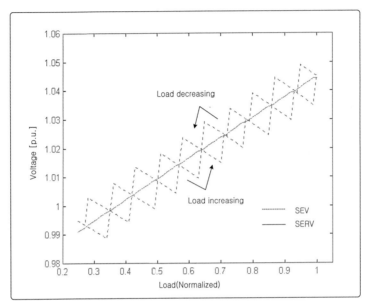

그림 9.7  주변압기 임피던스를 고려한 경우 송출기준전압 변화와 송출전압변화

○ 중부하시 선로 전압 특성 해석

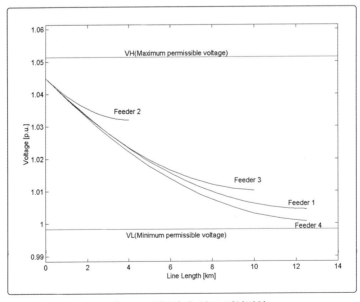

그림 9.8  중부하시 선로 전압변화

그림 9.8은 분산전원이 연계되지 않은 모델배전계통의 중부하시의 배전선로 전압특성 곡선을 나타내며, 가로축은 선로의 길이[km]를 나타내며, 세로축은 전압의 크기[p.u.]를 나타낸다. 그림에서 모델배전계통은 수용가 단자전압유지의 허용범위 207V ~ 233V를 고려한 중부하시 고압배전선의 유지범위 0.9932p.u. ~ 1.0505p.u.를 모두 만족하고 있다.

이 때 LDC 탭 위치는 1.11이며, 배전선로 최고전압은 1.045p.u.이었고 각 피더 말단의 전압은 피더 1 ~ 4까지 각각 1.0045p.u., 1.032p.u., 0..0102p.u. 및 1.0007p.u.이었다. 이를 요약하면 표 9.2와 같다.

**표 9.2  중부하시 특고압선로 전압해석결과**

| | 선로전압 | 적정전압유지범위 | 적정전압 유지여부 |
|---|---|---|---|
| 주변압기 직하 | 1.045 p.u. | | 만족 |
| 피더 1 말단 | 1.0045 p.u. | 1.0505 p.u. | 만족 |
| 피더 2 말단 | 1.032 p.u. | ~ | 만족 |
| 피더 3 말단 | 1.0102 p.u. | 0.9932 p.u. | 만족 |
| 피더 4 말단 | 1.0007 p.u. | | 만족 |
| 탭 위치 | 1.11 | | |

◎ 경부하시 선로 전압 특성 해석

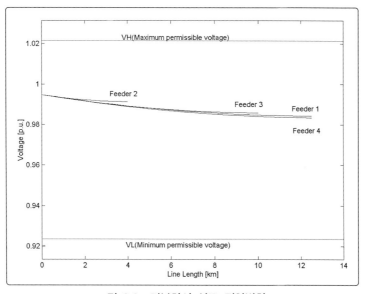

그림 9.9  경부하시 선로 전압변화

그림 9.9는 분산전원이 연계되지 않은 모델배전계통의 경부하시 배전선로 전압특성곡선을 나타낸다. 그림에서 모델배전계통은 수용가 단자전압유지의 허용범위 207V ~ 233V를 고려한 경부하시 고압배전선의 유지범위 0.9216p.u. ~ 1.0219p.u.를 모두 만족하고 있다. 이 때 LDC 탭 위치는 1.01이며, 배전선로 최고전압은 0.9947p.u.이었고 각 피더 말단의 전압은 피더 1 ~ 4까지 각각 0.9844p.u., 0.9913p.u., 0.9858p.u. 및 0.9835p.u.이었다. 이를 요약하면 표 9.3과 같다.

표 9.3  중부하시 특고압선로 전압해석결과

| | 선로전압 | 적정전압유지범위 | 적정전압 유지여부 |
|---|---|---|---|
| 주변압기 직하 | 0.9947 p.u. | | 만족 |
| 피더 1 말단 | 0.9844 p.u. | 1.0219 p.u. | 만족 |
| 피더 2 말단 | 0.9913 p.u. | ~ | 만족 |
| 피더 3 말단 | 0.9858 p.u. | 0.9216 p.u. | 만족 |
| 피더 4 말단 | 0.9835 p.u. | | 만족 |
| 탭 위치 | 1.01 | | |

## 03. 분산전원이 도입된 배전계통의 전압해석

분산전원이 도입된 배전계통의 전압해석에 대해서 알아보기로 한다.

### 01. 분산전원 연계조건

분산전원이 연계된 배전계통 전압해석을 위하여 분산전원의 연계 용량, 위치, 운전역률 및 부하상태를 고려하여

- 분산전원 용량 : 6MVA
- 분산전원 운전 역률 : 진상 0.9, 1.0, 지상 0.9
- 연계위치 : 주변압기 2차측 직하, 피더 1의 중간, 피더 1의 말단
- 부하상태 : 중부하 및 경부하

와 같은 분산전원의 연계조건을 가정하고, 이 연계조건을 표 9.4와 같이 체계적으로 분류하여 조류계산을 수행하여 보도록 한다. 여기서, 중부하는 최대부하를 의미하며 경부하는 중부하의 25%로 하였다.

**표 9.4  분산전원 연계조건 분류**

| 부하상태 | 연계위치 | 운전역률 | | |
|---|---|---|---|---|
| | | 지상 0.9 | 1.0 | 진상 0.9 |
| 중부하 | 주변압기 2차측 직하 | Case 1 | Case 2 | Case 3 |
| | 피더 1의 중간 | Case 4 | Case 5 | Case 6 |
| | 피더 1의 말단 | Case 7 | Case 8 | Case 9 |
| 경부하 | 주변압기 2차측 직하 | Case 10 | Case 11 | Case 12 |
| | 피더 1의 중간 | Case 13 | Case 14 | Case 15 |
| | 피더 1의 말단 | Case 16 | Case 17 | Case 18 |

## 02. 연계조건별 전압해석

◎ 6MVA 지상역률 0.9로 주변압기 2차측 직하에 연계된 경우 : Case 1 & 10

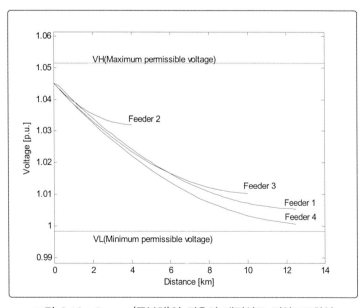

그림 9.10  Case 1(중부하)인 경우의 배전선로 전압프로화일

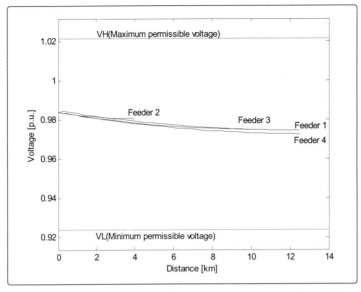

그림 9.11   Case 10(경부하)인 경우의 배전선로 전압프로화일

그림 9.10 및 그림 9.11은 중부하 및 경부하시 피더 1의 1번 노드에 지상 0.9로 운전하는 6MVA 분산전원이 연계된 경우의 배전선로 전압프로화일이다. 이 때 탭 위치는 중부하시 1.1, 경부하시 0.99이었으며, 분산전원이 도입된 지점의 전압, 주변압기 2차측 직하 선로 최대전압, 피더 말단 선로 최소 전압은 각각 중부하시 1.0443 p.u., 1.0443 p.u., 1.0007 p.u.이며, 경부하시는 0.9843 p.u., 0.9843 p.u., 0.9724 p.u.로 되었다.

◉ 6MVA 지상역률 0.9로 피더 1의 중간에 연계된 경우 : Case 4 & 13

그림 9.12 및 그림 9.13은 중부하 및 경부하시 피더 1의 25번 노드에 지상 0.9로 운전하는 6MVA 분산전원이 연계된 경우의 전압특성곡선이다. 이 때 탭 위치는 중부하시 1.09, 경부하시 0.99이었으며, 분산전원이 도입된 지점의 전압, 주변압기 2차측 직하 선로 최대전압, 피더 말단 선로 최소 전압은 중부하시 1.0287p.u., 1.0345p.u., 0.9904p.u.이며, 경부하시는 0.9998p.u., 0.9841p.u., 0.9722p.u.이다.

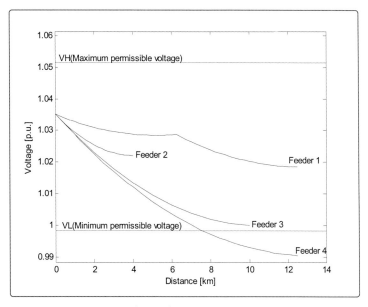

그림 9.12 Case 4(중부하)인 경우의 배전선로 전압프로화일

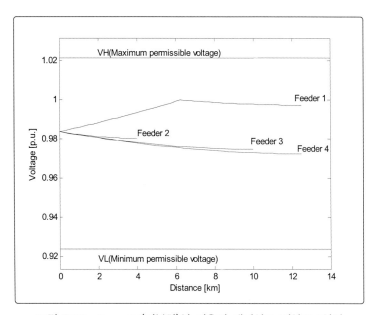

그림 9.13 Case 13(경부하)인 경우의 배전선로 전압프로화일

◎ 6MVA 진상역률 0.9로 피더 1의 말단에 연계된 경우 : Case 7 & 16

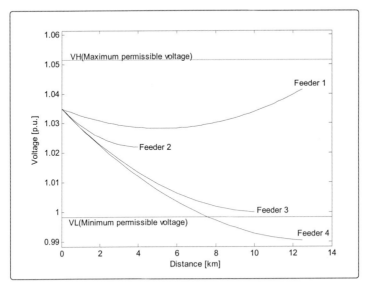

그림 9.14   Case 7(중부하)인 경우의 배전선로 전압프로화일

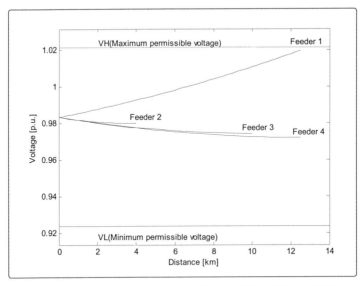

그림 9.15   Case 16(경부하)인 경우의 배전선로 전압프로화일

그림 9.14 및 그림 9.15는 중부하 및 경부하시 피더 1의 50번 노드에 진상 0.9로 운전
하는 6MVA 분산전원이 연계된 경우의 전압특성곡선이다. 이 때 탭 위치는 중부하시
1.09, 경부하시 0.99이었으며, 분산전원이 도입된 지점의 전압, 주변압기 2차측 직하 선

로 최대전압, 피더 말단 선로 최소 전압은 중부하시 1.0414p.u., 1.0345p.u., 0.9903p.u. 이며, 경부하시는 1,0194p.u., 0.9837p.u., 0.9718p.u.이다.

◎ 6MVA 진상역률 0.9로 주변압기 2차측 직하에 연계된 경우 : Case 3 & 12

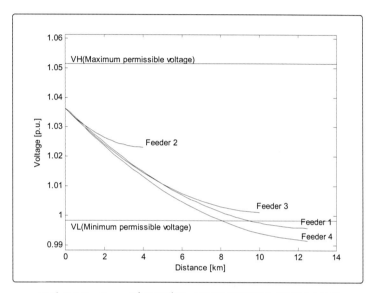

그림 9.16  Case 3(중부하)인 경우의 배전선로 전압프로화일

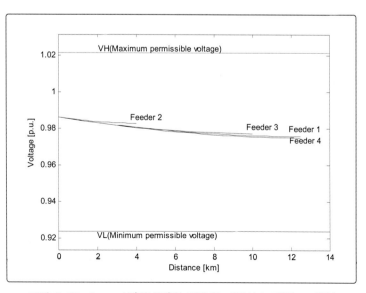

그림 9.17  Case 12(경부하)인 경우의 배전선로 전압프로화일

그림 9.16 및 그림 9.17은 중부하 및 경부하시 피더 1의 1번 노드에 진상 0.9로 운전하는 6MVA 분산전원이 연계된 경우의 전압특성곡선이다. 이 때 탭 위치는 중부하시 1.11, 경부하시 1.01이었으며, 분산전원이 도입된 지점의 전압, 주변압기 2차측 직하 선로 최대전압, 피더 말단 선로 최소 전압은 중부하시 1.0362p.u., 1.0365p.u., 0.99315p.u.이며, 경부하시는 0.9857p.u., 0.9858p.u., 0.9748p.u.이다.

### ◉ 6MVA 진상역률 0.9로 피더 1의 중간에 연계된 경우 : Case 6 & 15

그림 9.18 및 그림 9.19는 중부하 및 경부하시 피더 1의 25번 노드에 진상 0.9로 운전하는 6MVA 분산전원이 연계된 경우의 전압특성곡선이다. 이 때 탭 위치는 중부하시 1.1, 경부하시 1.01이었으며, 분산전원이 도입된 지점의 전압, 주변압기 2차측 직하 선로 최대전압, 피더 말단 선로 최소 전압은 중부하시 1.198p.u., 1.0359p.u., 0.9923p.u.이며, 경부하시는 0.9772p.u., 0.9854p.u., 0.9744p.u.이다.

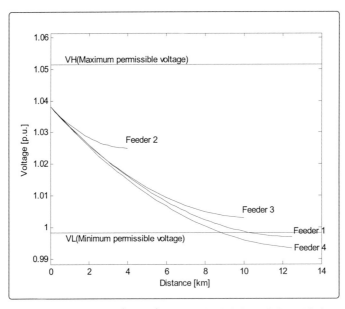

그림 9.18  Case 6(중부하)인 경우의 배전선로 전압프로화일

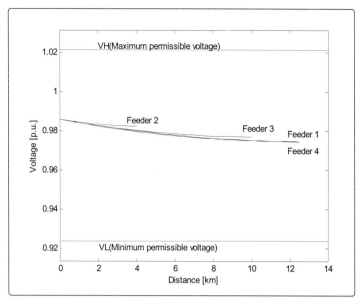

그림 9.19 Case 15(경부하)인 경우의 배전선로 전압프로화일

◎ 6MVA 진상역률 0.9로 피더 1의 말단에 연계된 경우 : Case 9 & 18

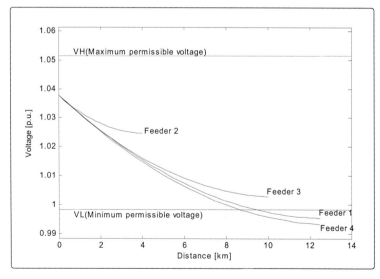

그림 9.20 Case 9(중부하)인 경우의 배전선로 전압프로화일

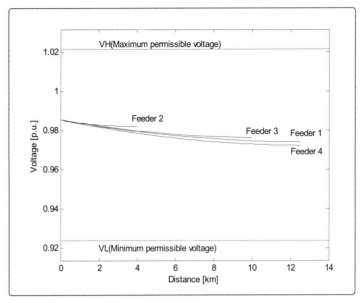

그림 9.21   Case 18(경부하)인 경우의 배전선로 전압프로화일

그림 9.20 및 그림 9.21은 중부하 및 경부하시 피더 1의 50번 노드에 진상 0.9로 운전하는 6MVA 분산전원이 연계된 경우의 전압특성곡선이다. 이 때 탭 위치는 중부하시 1.11, 경부하시 1.01이었으며, 분산전원이 도입된 지점의 전압, 주변압기 2차측 직하 선로 최대전압, 피더 말단 선로 최소 전압은 중부하시 0.9954p.u., 1.0365p.u., 0.9932p.u.이며, 경부하시는 0.9721p.u., 0.9849p.u., 0.9721p.u.이다.

# Chapter 10

# 분산전원이 배전계통의
# 전압변동에 미치는 영향

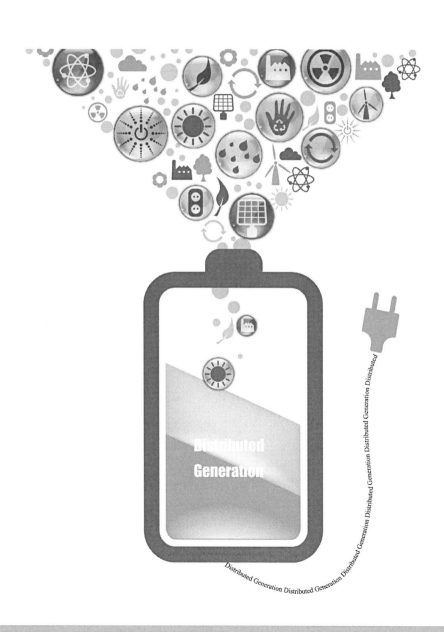

분산전원의 연계로 인한 배전계통의 전압변동에 미치는 영향은 분산전원의 위치, 용량 및 역률에 따라 다르다. 본 장에서는 9장의 해석결과를 토대로 하여 그 영향을 살펴보기로 한다.

## 01. 분산전원의 연계위치가 전압변동에 미치는 영향

제 9장에서의 분산전원이 연계되지 않은 배전계통과 연계된 배전계통에 대하여 전압해석한 결과를 이용하여 분산전원의 위치에 따른 관계를 분석하면 아래와 같이 정리된다.

❶ 분산전원이 주변압기 직하에 연계되는 경우 배전계통 전압변동에 미치는 영향은 작다.

❷ 분산전원이 피더의 중간에 연계되는 경우 연계지점 이후의 배전선로의 전압은 분산전원의 출력량에 비례하여 분산전원이 연계된 해당 배전선로에서의 전압 특성은 분산전원 도입전보다 대체적으로 양호해진다. 그러나 분산전원이 연계되지 않은 동일 뱅크내의 타배전선로는 탭의 위치가 낮아짐으로 인해 상하한 마진이 작은 장거리 선로의 피던 말단에서는 적정전압 유지범위를 벗어나는 수용가가 다수 발생 한다.

❸ 분산전원이 말단에 연계 될 경우 연계지점의 전압은 크게 상승하여 적정전압유지범위의 상한한계를 초과할 가능성이 높아진다. 또한 탭의 동작으로 인해 분산전원이 연계되지 않은 동일 뱅크 내 타 배전선로의 경우 적정전압 유지범위의 하한치를 벗어나는 수용가가 발생한다.

❹ 분산전원이 배전용변전소에 가까울수록 수용가의 전압에 미치는 영향은 작고, 피더의 말단으로 갈수록 그 영향은 커지고, 상하한 적정유지전압범위를 초과할 가능성이 높아진다.

## 02. 분산전원의 용량 및 역률이 전압변동에 미치는 영향

연계되는 분산전원의 용량 및 역률은 배전계통의 전압특성에 매우 큰 영향을 미치게 된다. 9장에서의 분산전원이 연계되지 않은 배전계통과 연계된 배전계통에 대하여 전압 해석한 결과로부터 그 영향을 정리하면 아래와 같이 요약된다.

❶ 분산전원의 용량이 증가할수록 배전계통 전압에 미치는 영향은 커진다.

❷ 분산전원이 지상역률로 운전하는 경우 배전용변전소의 유효전력과 무효전력의 감소로 주변압기 뱅크 전류는 감소하고 이로 인해 주변압기 임피던스에 의한 전압강하가 줄어들게 된다. 이것은 LDC 전압조정기의 측면에서 부하가 감소한 것으로 인식하게 되어 결국 LDC의 탭 위치를 한 단계 낮춘다. 이 경우 부하의 변동이 없는 동일뱅크 내 타배전선로의 경우 적정전압유지범위를 벗어날 가능성이 높다.

❸ 연계되는 분산전원이 역률 1.0으로 운전하는 경우에는 지상 운전에 비하여 그 영향이 작다.

❹ 주변압기 임피던스에 의한 전압변동은 유효전력의 변동보다는 무효전력의 변동에 더 큰 영향을 받는다.

❺ 분산전원이 진상운전을 하는 경우 배전계통의 전압에 미치는 영향은 지상에 비하여 작고 연계지점의 전압변동도 매우 작다. 그러나 무효전력의 증가로 인해 주변압기 내부임피던스에 의한 전압강하가 커지고 이로 인해 말단 수용가가 적정전압 유지범위를 벗어날 가능성이 높다.

## 03. 분산전원 연계 시 배전계통의 중요 고려사항

분산전원이 연계된 배전계통의 전압은 분산전원의 용량, 연계위치, 운전역률 및 부하의 상태에 따라 미치는 영향이 다르게 된다. 제 9장에서의 전압해석결과에서 나타난 바

와 같이 분산전원이 선로의 중간지점에 연계되며 역률 1.0 또는 지상운전을 할 경우 분
산전원이 연계된 배전선로는 대체적으로 전압특성곡선이 양호해지는 것을 알 수 있다.
또한 말단수용가의 경우에도 분산전원의 운전역률 및 연계용량에 따라 배전계통의 전압
특성이 달라지는 것을 확인할 수 있다. 그러나 분산전원이 연계되지 않은 배전선로는
LDC 전압조정기의 탭 동작 또는 주변압기 내부임피던스에 의한 전압변동으로 적정전압
유지범위의 하한값을 벗어날 가능성이 높아진다. 따라서 분산전원이 연계될 경우, LDC
전압조정기의 동작여부, 분산전원이 연계된 배전선로의 전압특성, 분산전원이 연계되지
않은 배전선로의 전압특성 및 분산전원 연계지점의 전압특성을 고려할 필요가 있다.

따라서 분산전원이 배전계통에 미치는 영향 및 계통연계 시 고려해야할 사항을 요약
하여 기술하면 다음과 같다.

❶ LDC에 의해 전압조정이 되는 기존의 배전계통에 분산전원이 연계되면, 분산전원
의 운전역률과 연계용량으로 인하여 LDC의 내부정정계수에 의해 결정되는 송출
기준전압의 저하현상이 일어나게 되므로 LDC는 그 적정전압유지의 기능을 상실
하게 된다.

❷ 분산전원의 운전역률을 진상으로 할수록 송출기준전압저하에 끼치는 영향이 작아
진다.

❸ 분산전원의 운전역률을 지상으로 할수록 송출기준전압저하에 끼치는 영향이 커진다.

❹ 분산전원 연계 시 주변압기 임피던스에 의한 전압변동은 모든 선로의 전압에 영향
을 미치므로 분산전원 연계위치, 용량 및 운전역률에 따른 주변압기 임피던스의
전압 변동량이 고려되어야만 한다.

❺ 분산전원이 선로 말단에 연계될 경우 연계지점의 전압이 크게 상승하여 적정전압
유지범위의 상한값을 벗어날 가능성이 높다.

❻ 분산전원이 연계될 경우 동일 뱅크 내 타 선로는 LDC의 탭 위치 저하 및 주변압기
내부 임피던스에 의한 전압변동으로 인해 적정전압유지범위의 하한값을 벗어날
가능성 높다.

## 04. 분산전원의 운전역률, 출력량과 송출전압과의 관계[1]

LDC에 의해 전압이 조정되는 배전계통에 분산전원이 도입될 경우, 중부하시 배전용 변전소 주변압기의 송출기준전압의 저하한도와 분산전원의 운전역률 및 출력량과의 관계를 도출하여 볼 필요가 있다.

중부하시의 송출기준전압저하와 도입량과의 관계식유도를 위해 그림 9.1의 중부하시 피더전체의 부하전류를 $I_{load}$ 로, 주변압기 이하 어느 한 피더에 도입된 분산전원의 출력을 전류 $I_G$로 하여 이를 변전소 주변압기 2차측 직하로 연결하는 그림 10.1과 같은 등가축약모델을 생각한다. 이 모델은 변전소 주변압기 2차측의 전압과 전류에 대해서 주변압기이하의 다수의 피더에 분산전원이 분산적으로 도입된 경우를 축약시킨 것임을 알 수 있다. 여기서 LDC는 주변압기 2차측의 전류 I에 의해 조정되는 1 : n의 tap조정에 포함시켜 표현하기로 한다.

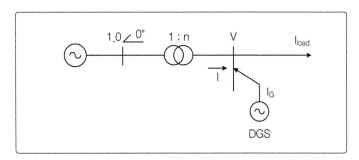

그림 10.1 분산전원이 도입된 등가축약모델(DGS:분산전원)

그림 10.1에 있어서 분산전원이 도입되지 않은 모델 배전계통에 있어서, 계통특성에 의해 결정된 LDC전압조정장치의 정정계수를 R, X, $V_o$로 둘 경우, 주변압기 2차측 전류 I 와 그 때의 역률각 $\theta$에 대한 송출기준전압은

$$V_{ref} = (Rcos\theta + Xsin\theta)I + V_o = R\ I_p + X\ I_q + V_o \qquad (10\text{-}1)$$

단, $I_p = I\ cos\theta$ , $I_q = I\ sin\theta$

된다. 이 운전상황에서 분산전원이 도입되었을 경우, 주변압기 2차측 전류 $I_m$과 그 때의 역률각 $\theta_m$에 대한 송출기준전압 $V_{ref,m}$은

$$V_{ref,m} = (R\cos\theta_m + X\sin\theta_m)\, I_m + V_o = R\, I_{m,p} + X\, I_{m,q} + V_o \tag{10-2}$$

단, $I_{m,p} = I_m \cos\theta_m,\ I_{m,q} = I_m \sin\theta_m$

로 된다. 식(10-1)과 식(10-2)로부터 분산전원이 도입되지 않은 경우와 도입된 경우의 송출기준전압의 차 $\Delta V_{ref}$는 다음과 같이 된다.

$$\Delta V_{ref} = R\,(I_p - I_{m,p}) + X\,(I_q - I_{m,q}) = R\,\Delta I_p + X\,\Delta I_q \tag{10-3}$$

단, $\Delta I_p = I_p - I_{m,p},\ \Delta I_q = I_q - I_{m,q}$

한편, 그림 10.1의 분산전원의 출력전류와 역률각을 각각 $I_G$와 $\theta_G$로 하면, (3)식의 $\Delta I_p$와 $\Delta I_q$는 $I_G \cos\theta_G$와 $I_G \sin\theta_G$로 근사화될 수 있으므로 상기의 (3)식은

$$\Delta V_{ref} = (R\cos\theta_G + X\sin\theta_G)\, I_G \tag{10-4}$$

로 표현될 수 있다. 이 때 계통운용자의 판단에 의해 분산전원 도입 시 송출기준전압 저하의 허용한도 $\Delta V_{ref,max}$가 주어지고, 또한 분산전원의 운전역률 $\theta_G$가 알려지면, 분산전원의 도입한계량 $I_{G,max}$는

$$I_{G,max} = \Delta V_{ref,max} / (R\cos\theta_G + X\sin\theta_G) \tag{10-5}$$

로 된다. 식(10-5)로부터 얻어진 $I_{G,max}$와 운전역률각 $\theta_G$ 및 저하된 송출기준전압 $V_{ref} - \Delta V_{ref,max}$를 이용해서 분산전원 도입한계량의 유효전력출력 $P_{G,max}$와 무효전력출력 $Q_{G,max}$가 각각

$$P_{G,max} \fallingdotseq (V_{ref} - \Delta V_{ref,max})\ I_{G,max}\ \cos\theta_G \tag{10-6}$$

$$Q_{G,max} \fallingdotseq (V_{ref} - \Delta V_{ref,max})\ I_{G,max}\ \sin\theta_G \tag{10-7}$$

과 같이 근사적으로 구해질 수 있다. 제 9장에서 살펴본 바와 같이 전압저하가 문제로 되는 것은 중부하시기이므로 식(10-6)과 식(10-7)의 송출기준전압 $V_{ref}$는 본래 계통의 중부하시의 송출기준전압으로 바꾸어 계산한다. 또한, 역률각 $\theta_G$는 분산전원이 지상역률의 경우 정(+), 진상역률의 경우 부(-)로 된다. 그러나 이 관계식에는 주변압기의 임피던스에 의한 전압변화량과 선로의 임피던스에 의한 전압변화량이 고려되어 있지 않으나, 9장의 시뮬레이션에 의해 분석된 분산전원의 운전역률/도입량과 LDC의 동작과의 관계를 증명하기에는 충분하다.

## 05. 특고압 배전선로의 전압유지범위

본 절에서는 22.9kV 특고압 배전선로에 연계되는 분산전원의 연계용량을 산출하는 데 가장 중요한 요소로 작용되는 특고압 배전선로의 전압유지범위를 수용가 단자전압 허용범위인 220V±6%을 조건으로 도출하여 보기로 한다.

주상변압기(P.tr) 직하수용가의 단자전압을 207~233V(94~106%) 내로 유지하기위한 13200V/230V 주상변압기탭(통상 5%탭, 정확히 4.714%탭)을 갖는 22.9kV 선로측 전압 $V_{22.9,5\%,pu}$과 12600V/230V 주상변압기탭(통상 10%탭, 정확히 9.701%탭)을 갖는 22.9kV 선로측 전압 $V_{22.9,10\%,pu}$ 의 유지범위는 주상변압기 전압강하 $\triangle v_{tr,pu}$ (220V기준) 및 수용가 인입선 전압강하 $\triangle v_{ent,pu}$ (220V기준)를 고려하면(이하 단위는 모두 pu, 기준전압은 특고압은 22,900kV, 저압은 220V로 한다.)

$$\frac{207}{220}(=0.94) \le V_{22.9,5\%,pu} \times \frac{230/220}{13200 \times \sqrt{3}/22900} - \Delta v_{tr,pu} - \Delta v_{ent,pu} \le \frac{233}{220}(=1.06) \tag{10-8}$$

$$\frac{207}{220}(=0.94) \le V_{22.9,10\%,pu} \times \frac{230/220}{12600 \times \sqrt{3}/22900} - \Delta v_{tr,pu} - \Delta v_{ent,pu} \le \frac{233}{220}(=1.06) \tag{10-9}$$

로 나타낼 수 있다. 또한, 주상변압기이하 저압선로의 말단수용가의 단자전압을 207
~ 233V(94 ~ 106%) 내로 유지하기위한 $V_{22.9,5\%,pu}$와 $V_{22.9,10\%,pu}$의 유지범위는

$$\frac{207}{220}(=0.94) \leqq V_{22.9,5\%,pu} \times \frac{230/220}{13200 \times \sqrt{3}/22900} - \Delta v_{tr,pu} - \Delta v_{ent,pu} - \Delta v_{low,pu} \leqq \frac{233}{220}(=1.06)$$

$$(10\text{-}10)$$

$$0.94 \leqq V_{22.9,10\%,pu} \times \frac{230/220}{12600 \times \sqrt{3}/22900} - \Delta v_{tr,pu} - \Delta v_{ent,pu} - \Delta v_{low,pu} \leqq 1.06 \qquad (10\text{-}11)$$

로 나타낼 수 있다. 따라서 $V_{22.9,5\%,pu}$와 $V_{22.9,10\%,pu}$의 유지범위는 다음과 같다.

$$(0.94 + \Delta v_{tr,pu}(t) + \Delta v_{ent,pu}(t) + \Delta v_{low,pu}(t)) \leqq V_{22.9,5\%,pu}(t) \times 1.04714$$
$$\leqq (1.06 + \Delta v_{tr,pu}(t) + \Delta v_{ent,pu}(t))$$

$$(10\text{-}12)$$

$$(0.94 + \Delta v_{tr,pu}(t) + \Delta v_{ent,pu}(t) + \Delta v_{low,pu}(t)) \leqq V_{22.9,10\%,pu}(t) \times 1.09701$$
$$\leqq (1.06 + \Delta v_{tr,pu}(t) + \Delta v_{ent,pu}(t))$$

$$(10\text{-}13)$$

상기의 식으로부터 특고압 배전선로의 적정유지범위는 저압수용가의 시간대별 부하
특성에 관계되는 $\triangle v_{tr,pu}(t)$, $\triangle v_{low,pu}(t)$, $\triangle v_{ent,pu}(t)$에 의하여 결정됨을 알 수 있다. 현재
한전 배전설계기준에서의 설비별 전압강하한도는 표 10.1과 같다.

**표 10.1  부하기간대별 선로 및 설비의 전압강하치**(단위 : pu)

| 항 목 | 중부하시 | 경부하시(중부하의25%) |
|---|---|---|
| 특고배전선로 전압강하 △V22.9kV | 0.05 | 0.0125 |
| 주상변압기 전압강하 △v$_{tr,pu}$ | 0.02 | 0.0050 |
| 저압배전선 전압강하 △v$_{low,pu}$ | 0.06 | 0.0150 |
| 인입선 전압강하 △v$_{ent,pu}$ | 0.02 | 0.0050 |

식(10-12)와 식(10-13) 및 표 10.1에 근거하고, 특고압 배전선로 및 저압 배전선로의
중부하 시기와 경부하시기가 동일하다는 부하의 동시성을 전제조건으로 하여 22.9kV
특고압배전선로의 전압유지범위를 산출하면 다음과 같다.

먼저 중부하시에 대하여 구하여 보면,

$$(0.94+0.1) \times 0.9550 \leqq V_{22.9,5\%,pu}(t) \leqq (1.06+0.04) \times 0.9550$$

$$\Rightarrow 0.9932 \leqq V_{22.9,5\%,pu}(t) \leqq 1.0505 \tag{10-14}$$

$$(0.94+0.1) \times 0.9116 \leqq V_{22.9,10\%,pu}(t) \leqq (1.06+0.04) \times 0.9116$$

$$\Rightarrow 0.9480 \leqq V_{22.9,10\%,pu}(t) \leqq 1.0028 \tag{10-15}$$

경부하시에 대하여 구하여 보면,

$$(0.94+0.025) \times 0.9550 \leqq V_{22.9,5\%,pu}(t) \leqq (1.06+0.01) \times 0.9550$$

$$\Rightarrow 0.9216 \leqq V_{22.9,5\%,pu}(t) \leqq 1.0219 \tag{10-16}$$

$$(0.94+0.025) \times 0.9116 \leqq V_{22.9,10\%,pu}(t) \leqq (1.06+0.01) \times 0.9116$$

$$\Rightarrow 0.8797 \leqq V_{22.9,10\%,pu}(t) \leqq 0.9754 \tag{10-17}$$

식(10-14) ~ 식(10-17)로부터 구하여진 부하기간대별 22.9kV 특고압배전선로의 전압유지범위를 표 10.2에 보인다.

**표 10.2  부하기간대별 22.9kV 특고압배전선로의 전압유지범위**

| 항 목 | 5%탭구간전압 $V_{22.9,5\%,pu}$ | | 10%탭구간전압 $V_{22.9,10\%,pu}$ | |
|---|---|---|---|---|
| | 중부하 | 경부하(중부하의25%) | 중부하 | 경부하(중부하의25%) |
| 상한값 | 1.0505 (24,056V) | 1.0219 (23,402V) | 1.0028 (22,964V) | 0.9754 (22,336V) |
| 하한값 | 0.9932 (22,744V) | 0.9216 (21,105V) | 0.9480 (21,709V) | 0.8797 (20,145V) |

한편, 변전소 인출구에서의 송출전압 유지범위를 산출하여 보면 다음과 같다.

먼저, 식(10-13)에 근거하여 변전소 인출구의 22.9kV 선로측 전압 $V_{22.9,5\%,SE,pu}$ 유지범위는

$$(0.94 + \Delta v_{tr,pu}(t) + \Delta v_{ent,pu}(t) + \Delta v_{low,pu}(t))$$
$$\leqq V_{22.9,5\%,SE,pu}(t) \times 1.04714 \leqq (1.06 + \Delta v_{tr,pu}(t) + \Delta v_{ent,pu}(t)) \qquad \text{(10-18)}$$

로, 또한 22.9kV 선로 탭변경지점 전압 $V_{22.9,5\%,TE,pu}$ 의 유지범위는

$$(0.94 + \Delta v_{tr,pu}(t) + \Delta v_{ent,pu}(t) + \Delta v_{low,pu}(t))$$
$$\leqq V_{22.9,5\%,TE,pu}(t) \times 1.04714 \leqq (1.06 + \Delta v_{tr,pu}(t) + \Delta v_{ent,pu}(t)) \qquad \text{(10-19)}$$

로 각각 표현할 수 있다. 그런데, 22.9kV 선로의 인출구에서 말단까지의 전압강하인 △$V_{22.9,5\%,pu}$(t)를 고려한다면, 인출구 및 말단의 전압관계는

$$V_{22.9,5\%,SE,pu}(t) = V_{22.9,5\%,TE,pu}(t) + \Delta V_{22.9,5\%,pu}(t) \qquad \text{(10-20)}$$

로 됨을 알 수 있다. 따라서 변전소 인출구 송출전압의 유지범위는 다음의 식을 만족해야 한다.

$$(0.94 + \Delta v_{tr,pu}(t) + \Delta v_{ent,pu}(t) + \Delta v_{low,pu}(t)) \times 0.9550 - \Delta V_{22.9,5\%,pu}(t)$$
$$\leqq V_{22.9,5\%,SE,pu}(t) \leqq (1.06 + \Delta v_{tr,pu}(t) + \Delta v_{ent,pu}(t)) \times 0.9550 - \Delta V_{22.9,5\%,pu}(t)$$
$$\text{(10-21)}$$

상기의 식으로부터 송출전압의 적정유지범위는 저압수용가의 시간대별 부하특성에 관계되는 △$v_{tr,pu}$(t), △$v_{low,pu}$(t), △$v_{ent,pu}$(t)과 D/L의 시간대별 부하특성에 관계되는 △$V_{22.9,5\%,pu}$(t)에 의하여 결정됨을 알 수 있다.

## 06. 분산전원이 도입된 배전선로의 간략 전압강하계산법[76]

본 절에서는 22.9kV 특고압 배전선로에 분산전원의 연계로 인한 전압상승 또는 강하를 계산하는 간략계산방법을 소개하기로 한다. 먼저, 분산전원이 도입되지 않은 배전계통에 지금까지 일반적으로 사용되어 온 구간전압강하 계산법을 기술하고, 이를 기준으로 하여 분산전원이 도입된 경우 구간전압 상승 또는 강하를 구하는 계산법을 기술하기로 한다.

### 01. 구간전압강하 계산법

#### ◯ 구간부하

그림 10.2와 같이 배전선로를 주요 포인트(전선 선종 변경점, 분기 선로 접속점, 전압조정기 설치지 점 등)로 분할한 배전선의 일부를 "구간"이라고 하며, 이 구간내의 모든 부하를 정전류 부하로 하여 구간부하로 정의한다. 그림에서와 같이 고압과 저압의 최대 부하의 전류추정값을 구간단위로 합계하여 구간부하를 산정하고, 각 구간 부하의 합계(추정 값) $i_{SUM}$와 송출전류(계측 값) $I_{SS}$를 일치시키기 위하여 아래 식에 의해 송출전류를 배분하여 전압강하계산에 이용하는 구간 부하를 산출한다.

$$I_{(n)} = i_{(n)} \times \frac{I_{SS}}{i_{SUM}}$$

(10-22)

단, $I(n)$ : n 구간의 최종 전류

$i(n)$ : n 구간의 추정전류

$I_{SS}$ : 송출전류

$i_{SUM}$ : 각 구간의 추정전류의 총합

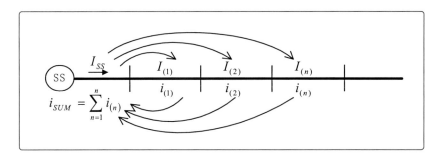

그림 10.2 고압배전선의 구간부하 개념

상기의 $I_{(n)}$을 이용하여 각 구간의 유입 및 유출 전류를 산출한다. 여기서 구간부하를
정확하게 산정하기 위하여 그림 10.3과 같이 고압수용가는 계약전력을 기준으로 이용률
에 따른 계수를 고려하여 구간 내 kW 부하를 직접 합산하고, 저압수용가의 경우에는
주상변압기의 용량(kVA)을 기준으로 역률 및 이용률 계수를 적용하여 kW로 환산한 후
에 고압수용가 부하와 합산하도록 한다.

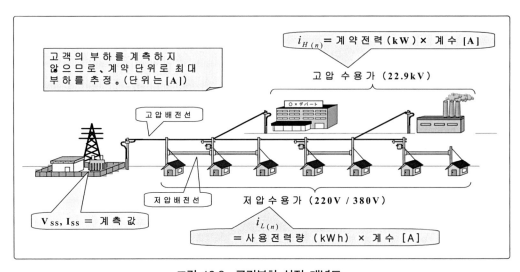

그림 10.3 구간부하 산정 개념도

## ◎ 구간 전압강하 계산법

배전선로의 각 구간은 그림 10.4와 같이 송전단, 선로, 수전단으로 구성되는 4단자회
로로 표현될 수 있다. 그림에서와 같이 송전단 및 수전단사이의 전압관계식은 다음과

같이 나타낼 수 있다.

$$Es = \sqrt{\underbrace{\{Er + I(r \cdot cos\,\theta + x \cdot sin\,\theta)\}^2}_{\text{제1항}} + \underbrace{\{I(x \cdot cos\,\theta - r \cdot sin\,\theta)\}^2}_{\text{제2항}}}$$ (10-23)

단, Es : 송전단 전압, Er : 수전단 전압, r : 선로저항, x : 선로 리액턴스

θ : 수전단에서의 전압과 전류의 위상차

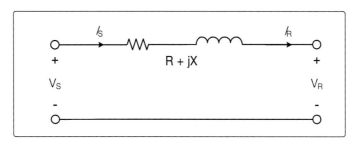

a) 배전선로의 구간 등가회로

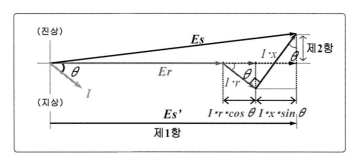

b) 구간 등가회로의 전압벡터도

**그림 10.4 배전선로의 구간 등가회로와 전압벡터도**

식(10-23)에서 2항은 1항에 비하여 상당히 작으므로 무시하면 송수전단의 전압차 $\Delta V$ 는 다음과 같이 간략하게 표현된다.

$$\Delta V = kI(r\cos\theta + x\sin\theta) = kIZ$$ (10-24)

단, k : 단상인 경우 2, 3상4선식인 경우 1

상기의 식을 바탕으로 부하분포의 정도를 향상하기 위하여, 그림 10.5와 같이 평등 부하분포와 말단집중 부하분포를 동시에 고려하고, 그림 10.6과 같이 구간의 유출전류와 유입전류를 고려하면 다음 식과 같은 일반적인 전압강하 계산식을 구할 수 있다.

$$\Delta V_{(n)} = k \cdot \left\{ \frac{I_{Sp(n)} + I_{Rp(n)}}{2} \cdot r_{(n)} + \frac{I_{Sq(n)} + I_{Rq(n)}}{2} \cdot x_{(n)} \right\}$$

(10-25)

단, $I_{sp(n)}$ : n 구간의 유입 유효전류

$I_{Rp(n)}$ : n 구간의 유출 유효전류

$I_{Sq(n)}$ : n 구간의 유입 무효전류

$I_{Rq(n)}$ : n 구간의 유출 무효전류

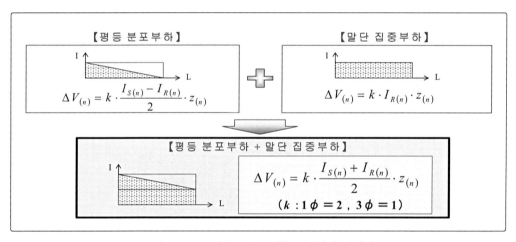

그림 10.5  부하분포를 고려한 전압강하 계산식

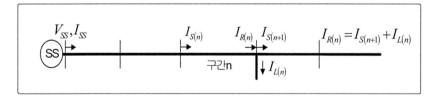

그림 10.6  n구간의 전류 분포

여기서, 역률은 송출 단에서 말단 수용가까지 동일하다고 가정하고, 그림 10.6의 $V_{SS}$는 변전소의 송출전압이고, $I_{SS}$는 송출전류로서 계측 값이다.

상기의 전압강하 식에 따라 배전용변전소에서 말단 수용가까지의 고압배전선의 전압강하를 구하면 그림 10.7과 같이 거리에 따른 고압배전선의 도달전압 그래프를 얻을 수 있다. 이 그림에서 $\triangle V_5$는 분산전원의 연계 점 이후이므로 $\triangle V_4$만큼만 전압상승이 발생한다.

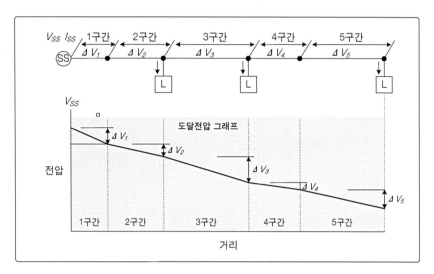

그림 10.7  고압배전선의 전압강하 개념도

## 02. 분산전원이 도입된 경우 구간전압강하 계산법

배전선로에 그림 10.8과 같이 분산전원이 도입된 경우 순조류 및 역률의 관계를 정의한다.

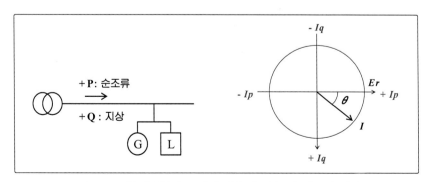

그림 10.8  분산전원이 도입된 경우 순조류 및 역률의 정의

그림에서와 같이 유효전력의 순 조류(변전소에서 부하측 방향)를 정(+)으로 가정하고, 역조류를 부(-)로 한다. 또한, 무효전력은 부하기준의 지상을 정으로 하고, 진상을 부로 한다. 전압변동에서는 전압강하를 정, 전압상승을 부라고 정의한다.

배전계통의 조류는 전원 측에서 부하 측으로의 단 방향으로 가정하여 전압강하를 계산해도 큰 문제점이 없었다. 그러나 역 조류를 발생하는 분산전원이 연계되는 경우, 조류 방향(유효전력의 방향)과 무효전력을 적정하게 반영해서 전압강하뿐만 아니라 전압상승도 계산할 필요가 있다. 따라서 부하전류($I$)를 유효전류 분($I_p$)과 무효전류 분($I_q$)으로 분해하고, 조류의 방향과 역률을 고려하여 4개의 상한에 대한 적정한 전압강하를 계산하는 방법을 기술하기로 한다. 그림 10.9에 순조류 및 역조류에 대한 전압강하 및 상승을 계산하는 개념을 제시한다.

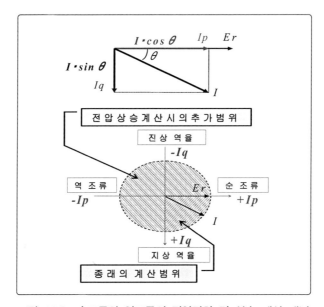

그림 10.9  순조류와 역조류의 전압강하 및 상승 계산 개념

## ◉ 제 4상한의 전압강하 계산

종래의 전압강하 영역으로 그림 10.10과 같이 역조류나 진상역률이 존재하지 않으며, 순조류와 지상역률만을 고려하여 계산하는 것이다. 따라서 이 영역에서는 전압상승은 발생하지 않으며, 단지 전압강하만 존재한다.

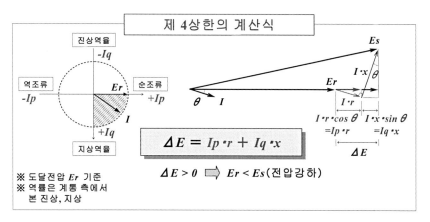

그림 10.10  제 4 상한의 전압강하 계산식

◎ 제 1상한의 전압강하 계산

그림 10.11과 같이 역 조류와 지상역률이 존재하지 않으며, 순 조류와 진상역률만을 고려하여 계산하는 영역이다. 따라서 전압상승과 전압강하가 모두 존재 가능한 영역이다. 즉 진상역률의 크기에 따라 전압상승이나 전압강하가 모두 나타날 수 있다.

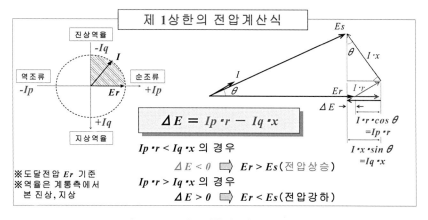

그림 10.11  제 1상한의 전압강하 계산식

◎ 제 2상한의 전압강하 계산

그림 10.12와 같이 순조류와 지상역률이 존재하지 않으며, 역조류와 진상역률만을 고려하여 계산하는 영역이다. 따라서 전압강하는 없고 전압상승만 존재 가능한 영역이다.

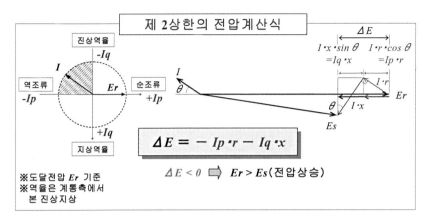

그림 10.12  제 2상한의 전압강하 계산식

## ◎ 제 3상한의 전압강하 계산

그림 10.13과 같이 순조류와 진상역률이 존재하지 않으며, 역 조류와 지상역률만을 고려하여 계산하는 영역이다. 따라서 전압상승과 전압강하가 모두 존재 가능한 영역이다. 즉 역 조류와 지상역률의 크기에 따라 전압상승이나 전압강하가 모두 나타날 수 있다.

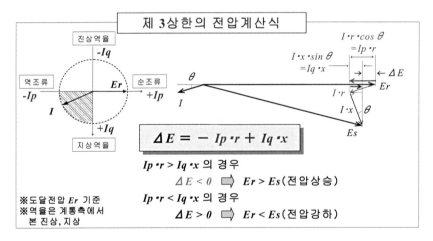

그림 10.13  제 3상한의 전압강하 계산식

## ◎ 종합

모든 상한에 대하여 전압강하 계산식을 나타내면 그림 10.14와 같다.

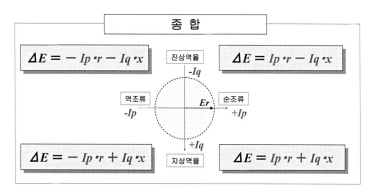

**그림 10.14  종합한 전압강하 계산식**

상기의 식들을 바탕으로 평등 부하분포와 말단집중 부하분포를 동시에 고려하고, 각 구간의 유출전류와 유입전류를 고려하면 다음 식과 같이 역조류를 고려한 전압강하 계산식을 구할 수 있다.

$$\Delta V_{(n)} = k \cdot \left\{ \frac{I_{Sp(n)} + I_{Rp(n)}}{2} \cdot r_{(n)} + \frac{I_{Sq(n)} + I_{Rq(n)}}{2} \cdot x_{(n)} \right\}$$

(10-26)

단, Isp   : 구간유입 유효전류[A]

　　Isq   : 구간유입 무효전류[A]

　　IRp  : 구간유출 유효전류[A]

　　IRq  : 구간유출 무효전류[A]

　　r    : 배전선 구간 저항 값[Ω]

　　x    : 배전선 구간 리액턴스 값[Ω]

　　ΔVn: 구간저압 변동 값[V]

　　　* 유효전류는 [역 조류]를 '-'로 함

　　　* 무효전류는 [진상역률]을 '-'로 함

　　　* 전압변동값은 [전압상승]을 '-'로 함

예를 들어, 그림 10.15와 같이 4구간에 분산전원이 연계되어 역 조류를 발생하는 경우, 상기의 전압강하 계산식에 따라 배전용변전소에서 말단 수용가까지의 고압배전선의 전압강하를 구하면 그림 10.15의 고압배전선의 도달전압 그래프를 구할 수 있다. 이 그림에서 $\triangle V_5$는 분산전원의 연계 점 이후이므로 $\triangle V_4$만큼만 전압상승이 발생함을 알 수 있다.

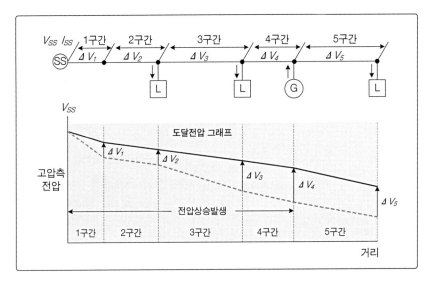

그림 10.15  전압상승 발생구간 개념도

기술된 역조류를 고려한 전압강하계산식은 종래의 부하산정방법을 그대로 이용할 수 있으므로 기존의 전압계산방법과 크게 바뀌지 않아서 배전계통을 운용하는 자의 입장에서 실용적이고 업무에의 활용이 용이하다. 배전계통에서 모든 구간의 수많은 부하(P, Q)를 송전계통에서와 같이 쉽게 계측할 수 없기 때문에, 일반적으로 전력계통에 적용되고 있는 Y어드미턴스에 의한 조류계산방법은 현실적으로 적용하기가 어렵다.(P, Q 지정 불능). 또한 배전선은 수지상으로 긍장이 짧아서 전력손실도 작으므로, 근사계산식만으로도 충분한 정도를 얻을 수 있고, 일반적인 기술지침이 모두 간략 전압강하 계산방법에 근거하고 있으므로 본 절에서 제시한 분산전원이 도입된 경우 배전계통의 전력조류방법은 유용하다고 할 수 있다.

## 07. 분산전원이 도입된 저압배전선로의 전압해석방법

100kW 미만의 소형분산전원이 저압(380V/220V) 배전선로에 도입될 경우 배전회사 내지 전력회사의 배전사업소에서는 전력품질유지상 전압변동문제 등의 사전도입 검토를 수행하여야 하는데, 국내에는 아직 저압배전선에 대한 모델이 제시되어 있지 않다. 또한 태양광발전시스템과 같은 소규모의 신재생에너지발전시스템은 그 용량이 100kW 미만인 경우에는 배전계통 중에서도 단상 220V 또는 삼상 380V의 저압배전계통 즉, 주상변압기와 저압배전선을 통하여 연결되어 운전되어야 한다. 특히, 소규모 분산전원이 연결되어 있는 저압배전선에 다른 일반 수용가가 같이 혼재되어 있을 경우, 도입된 소규모 분산전원의 출력으로 인하여 저압배전선로가 과전압의 상태로 될 우려가 있다. 이에 대한 대책으로 저압배전선의 선로정수 Z = R + jX 값을 알아서 전압변동분석을 수행하는 것이다. 그러나 저압배전계통에서는 특고압선로의 경우와는 달리 선로정수 중 X값이 표준적으로 제시되어 있지 않기 때문에 이를 실질적으로 분석하는데 어려움이 있다. 따라서 본 절에서는 분산전원이 도입된 저압배전계통 전압해석모델에 대하여 살펴보고, 단순방법에 의한 전압강하를 계산하여 보도록 한다. 물론, 배전계통의 조류계산에 8장에서 소개한 DistFlow Method를 이용하면 정확한 저압해석을 할 수 있다.

### 01. 전압변동해석을 위한 저압배전 모델

우리나라의 경우 저압배전선에는 380V 삼상4선식 및 220V 단상2선식이 사용되고 있다. 대상 저압배전선의 전제 조건으로서는 상정한 선로 중간에 부하가 없는 경우와 과전압이 되는 최악의 경우인 경부하를 고려하였다. 이것은 다른 부하의 영향으로 인한 전압상승이나 하강을 배재함으로써 소규모 분산전원에 의한 전압변동만을 분석하기 위함이다.

먼저, 삼상4선식 저압배전선로의 경우, 「3상 주상변압기 + 저압선 + 인입선」으로 구성하는 것으로 하여 그림 10.16과 같이 모델링 될 수 있다. 특히, 주상변압기의 상위 특고압 22.9kV 계통의 임피던스는 주상변압기 이후의 저압계통의 임피던스에 비해 상당히 작은 관계로 전압해석 모델링 상에서는 무시될 수 있다.

그림 10.16은 3상 4선식을 단선도로 표현하였다. 주상변압기 1차측을 전원으로 하였으며 주상변압기, 저압배전선, 인입선, 분산전원으로 구성하였다.

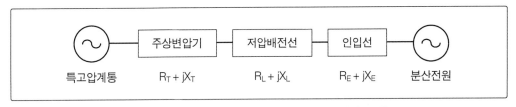

**그림 10.16  전압해석용 삼상4선식 저압배전선 모델**

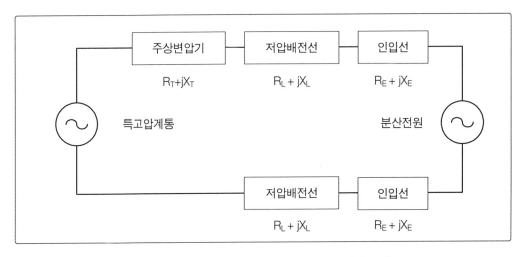

**그림 10.17  전압해석용 단상2선식 저압배전선 모델**

특고압계통, 주상변압기, 저압배전선, 인입선. 소규모발전시스템으로 구성되어진 것은 3상 4선식과 같은 형태이다. 하지만 단상2선식의 경우는 전술의 삼상4선식 모델에 회귀선로를 하나 더 추가하는 것으로 하여 그림 10.17과 같이 모델링될 수 있다.

## 02. 주상변압기 임피던스

주상변압기는 22.9kV의 고압배전선로에서 수용가에서 사용하는 단상 220V나 3상 380V로 변환해 준다. 본래 2차측 출력전압을 조절하는 tap을 가지고 있으나 설치 시 부하의 증가를 예측하여 고정 tap 방식을 사용하고 있다. 또한, 22.9kV 고압측 선로의 임피던스가 저압배전계통보다 훨씬 작기 때문에 저압배전선로의 전압해석을 위한 모델링에서 주상변압기의 출력전압을 기준전압 1.0p.u로 한다.

다른 변압기와 마찬가지로 주상 변압기도 단락시험과 무부하 시험을 통해 임피던스를 얻을 수 있는데 보통 저압배전계통에서 사용되는 주상변압기의 임피던스는 표 10.3 ~ 10.4와 같은 수치를 사용한다. 현재 사용되고 있는 주상변압기에는 10, 20, 30, 50, 75, 100kVA 용량들이 표준으로 되어 있다.

**표 10.3 저손실용 주상변압기의 용량별 임피던스 값(풍산전기)**

| 용량[kVA] | %R | %X | 기준임피던스[Ω] | R+jX[Ω] |
|---|---|---|---|---|
| 10 | 1.90 | 2.32 | 5.290(=0.23²/0.010) | 0.100 + j0.123 |
| 20 | 1.65 | 2.46 | 2.645(=0.23²/0.020) | 0.044 + j0.065 |
| 30 | 1.50 | 2.50 | 1.760(=0.23²/0.030) | 0.026 + j0.044 |
| 50 | 1.25 | 3.00 | 1.058(=0.23²/0.050) | 0.013 + j0.032 |
| 75 | 1.30 | 3.00 | 0.705(=0.23²/0.075) | 0.009 + j0.021 |
| 100 | 1.21 | 3.01 | 0.529(=0.23²/0.100) | 0.006 + j0.016 |

* Base Impedance $Zbase = \dfrac{kV^2}{MVA} = \dfrac{kV^2}{kVA \times 10^{-3}}$

**표 10.4 주상변압기의 용량별 임피던스 값(IEEE)**

| 용량 [kVA] | 1φ 변압기 %Z | | 3φ 변압기 %Z | | 용량 [kVA] | 1φ 변압기 %Z | | 3φ 변압기 %Z | |
|---|---|---|---|---|---|---|---|---|---|
| | R | X | R | X | | R | X | R | X |
| 3 | 2.2 | 1.7 | – | – | 150 | 1 | 3.6 | 2.0 | 4.0 |
| 5 | 2.2 | 1.7 | – | – | 200 | 1 | 3.6 | 1.9 | 4.6 |
| 7.5 | 2.2 | 1.7 | – | – | 250 | – | – | 1.9 | 4.6 |
| 10 | 1.6 | 1.6 | 2.7 | 1.3 | 300 | – | – | 1.7 | 4.7 |
| 15 | 1.6 | 1.6 | 2.7 | 1.3 | 500 | – | – | 1.2 | 4.9 |
| 20 | 1.6 | 1.6 | 2.7 | 1.3 | 750 | – | – | 2.6 | 5.1 |
| 30 | 1.6 | 1.6 | 3.5 | 3.5 | 1,000 | – | – | 2.1 | 5.3 |
| 50 | 1.3 | 2 | 3.5 | 3.6 | 1,500 | – | – | 1.7 | 5.5 |
| 75 | 1.2 | 3.5 | 2.5 | 4.9 | 2,000 | – | – | 1.4 | 5.6 |
| 100 | 1.2 | 3.5 | 2.5 | 3.7 | – | – | – | – | – |

## 03. 저압배전선로 임피던스

저압배전선의 경우는 대부분 OW 및 DV 전선이 사용되고 있으며, 인입선의 경우는
CV 케이블이 사용되고 있다. 이와 관련된 임피던스를 하기에 제시한다.

표 10.5 단상2선 220V(20℃ 기준) 2다심꼬임전선 CV케이블(600V) 〈진로산업, 후지쿠라전선〉

| 단면적 [$mm^2$] | $D_{12}$ [mm] | $D_{21}$ [mm] | 외경 [mm] | 반경 r [mm] | $Da$ [mm] | Rac 20° [Ω/km] | L값 [mH/km] | X값 [Ω/km] | 허용전류 [A] |
|---|---|---|---|---|---|---|---|---|---|
| 2 | 10.5 | 10.5 | 1.8 | 0.9 | 10.5 | 10.9 | 0.316 | 0.119 | 22 |
| 3.5 | 11.5 | 11.5 | 2.4 | 1.2 | 11.5 | 6.13 | 0.291 | 0.110 | 32 |
| 5.5 | 13.5 | 13.5 | 3 | 1.5 | 13.5 | 3.93 | 0.291 | 0.110 | 41 |
| 8 | 15 | 15 | 3.6 | 1.8 | 15 | 2.73 | 0.277 | 0.104 | 51 |
| 14 | 16.5 | 16.5 | 4.4 | 2.2 | 16.5 | 1.54 | 0.258 | 0.0973 | 71 |
| 22 | 19.5 | 19.5 | 5.5 | 2.75 | 19.5 | 0.972 | 0.256 | 0.0964 | 95 |

표 10.6 단상2선 220V : OW(옥외용절연전선) 〈손실정수재산정 2003.12〉

| 단면적 [$mm^2$] | $D_{12}$ [mm] | 외경 [mm] | 반경 $r$ [mm] | L [mH/km] | X [Ω/km] | Rac 20° [Ω/km] | 허용전류 [A] |
|---|---|---|---|---|---|---|---|
| 22 | 300 | 8.4 | 4.2 | 0.9179 | 0.346 | 0.8496 | 112 |
| 38 | 300 | 11 | 5.5 | 0.864 | 0.3257 | 0.503 | 153 |
| 60 | 300 | 13 | 6.5 | 0.8219 | 0.3098 | 0.3145 | 206 |
| 100 | 300 | 16 | 8 | 0.7803 | 0.2974 | 0.1875 | 302 |

표 10.7 단상2선 220V : DV(인입용 비닐전선) 〈손실정수재산정 2003.12〉

| 단면적 [$mm^2$] | $D_{12}$ [mm] | 외경 [mm] | $r$ [mm] | L [mH/km] | X [Ω/km] | Rac 20° [Ω/km] |
|---|---|---|---|---|---|---|
| 3.1416 | 300 | 2 | 1 | 1.1907 | 0.4489 | 5.8301 |
| 5.3093 | 300 | 2.6 | 1.3 | 1.1382 | 0.4291 | 3.4501 |
| 8.0425 | 300 | 3.2 | 1.6 | 1.0967 | 0.4134 | 2.2802 |

| 단면적 [$mm^2$] | $D_{12}$ [mm] | 외경 [mm] | $r$ [mm] | L [mH/km] | X [Ω/km] | Rac 20° [Ω/km] |
|---|---|---|---|---|---|---|
| 3.1416 | 7.2 | 2 | 1 | 0.4448 | 0.1677 | 5.8301 |
| 53093 | 9.2 | 2.6 | 1.3 | 0.4414 | 0.1664 | 3.4501 |
| 8.0425 | 11.5 | 3.2 | 1.6 | 0.4445 | 0.1676 | 2.2802 |

표 10.8  단상2선 220V : CV 케이블 〈손실정수재산정 2003.12〉

| 단면적<br>$[mm^2]$ | $D_{12}$<br>[mm] | 외경<br>[mm] | $r$<br>[mm] | L<br>[mH/km] | X<br>[Ω/km] | Rac 20°<br>[Ω/km] |
|---|---|---|---|---|---|---|
| 2 | 10.5 | 1.8 | 0.9 | 0.5413 | 0.2041 | 9.42 |
| 3.5 | 11.5 | 2.4 | 1.2 | 0.502 | 0.1892 | 5.30 |
| 5.5 | 13.5 | 3 | 1.5 | 0.4894 | 01845 | 3.4 |
| 8 | 15 | 3.6 | 1.8 | 0.474 | 0.1787 | 2.36 |
| 14 | 16.5 | 4.4 | 2.2 | 0.453 | 0.1708 | 1.31 |
| 22 | 19.5 | 5.5 | 2.75 | 0.4417 | 0.1605 | 0.832 |

표 10.9  3상4선 380V (20℃ 기준) OW(옥외용절연전선), 래크장주 〈배전보호기술서 2008.10〉

| 단면적<br>$[mm^2]$ | $D_{12}$<br>[mm] | $D_{23}$<br>[mm] | $D_{31}$<br>[mm] | 외경<br>[mm] | Rac 20°<br>[Ω/km] | 정상X<br>[Ω/km] | 영상R<br>[Ω/km] | 영상X<br>[Ω/km] | 허용전류<br>[A] |
|---|---|---|---|---|---|---|---|---|---|
| 22 | 300 | 300 | 600 | 8.4 | 0.850 | 0.382 | 1.411 | 1.540 | 112 |
| 38 | 300 | 300 | 600 | 11 | 0.503 | 0.363 | 1.064 | 1.520 | 153 |
| 60 | 300 | 300 | 600 | 13 | 0.315 | 0.344 | 0.768 | 1.296 | 206 |
| 100 | 300 | 300 | 600 | 16 | 0.188 | 0.324 | 0.640 | 1.276 | 302 |

표 10.10  3상4선 380V OW 전선의 R, X 값 래크장주 〈손실정수재산정 2003.12〉

| 단면적<br>$[mm^2]$ | $D_{12}$<br>[mm] | $D_{23}$<br>[mm] | $D_{31}$<br>[mm] | 외경<br>[mm] | $r$ | L<br>[mH/km] | 정상X<br>[Ω/km] | Rac 20°<br>[Ω/km] |
|---|---|---|---|---|---|---|---|---|
| 22 | 300 | 300 | 600 | 8.4 | 4.2 | 0.9641 | 0.3635 | 0.8496 |
| 38 | 300 | 300 | 600 | 11 | 5.5 | 0.9102 | 0.3431 | 0.503 |
| 60 | 300 | 300 | 600 | 13 | 6.5 | 0.8681 | 0.3273 | 0.3145 |
| 100 | 300 | 300 | 600 | 16 | 8 | 0.8265 | 0.3116 | 0.1875 |

표 10.11  3상4선 380V DV(인입용비닐전선)전선의 R, X 값 래크장주 〈손실정수재산정 2003.12〉

| 단면적<br>$[mm^2]$ | $D_{12}$<br>[mm] | $D_{23}$<br>[mm] | $D_{31}$<br>[mm] | 외경<br>[mm] | $r$ | L<br>[mH/km] | 정상X<br>[Ω/km] | Rac 20°<br>[Ω/km] |
|---|---|---|---|---|---|---|---|---|
| 3.1416 | 300 | 300 | 600 | 2 | 1 | 1.2369 | 0.4663 | 5.8301 |
| 5.3093 | 300 | 300 | 600 | 2.6 | 1.3 | 1.1845 | 0.4465 | 3.4501 |
| 8.0425 | 300 | 300 | 600 | 3.2 | 1.6 | 1.1429 | 0.4309 | 2.2802 |

표 10.12  3상4선 380V CV 케이블의 R, X 값 래크장주 〈손실정수재산정 2003.12〉

| 단면적 [$mm^2$] | $D_{12}$ [mm] | $D_{23}$ [mm] | $D_{31}$ [mm] | 외경 [mm] | $r$ | L [mH/km] | 정상X [Ω/km] | Rac 20° [Ω/km] |
|---|---|---|---|---|---|---|---|---|
| 2 | 300 | 300 | 600 | 1.8 | 0.9 | 1.2722 | 0.4796 | 9.42 |
| 3.5 | 300 | 300 | 600 | 2.4 | 1.2 | 1.2147 | 0.4579 | 5.30 |
| 5.5 | 300 | 300 | 600 | 3 | 1.5 | 1.17 | 0.4411 | 3.4 |
| 8 | 300 | 300 | 600 | 3.6 | 1.8 | 1.1336 | 0.4274 | 2.36 |
| 14 | 300 | 300 | 600 | 4.4 | 2.2 | 1.0934 | 0.4122 | 1.31 |
| 22 | 300 | 300 | 600 | 5.5 | 2.75 | 1.0488 | 0.3954 | 0.832 |

표 10.13  IEEE에서 제공하고 있는 저압선로 임피던스

| 단면적 [mm, $mm^2$] | R[Ω/km] | K[Ω/km] 1φ선로 | K[Ω/km] 3φ선로 | 단면적 [mm, $mm^2$] | R[Ω/km] | K[Ω/km] 1φ선로 | K[Ω/km] 3φ선로 |
|---|---|---|---|---|---|---|---|
| 1.6 | 8.573 | 0.1617 | 0.1152 | 60 | 0.3079 | 0.1342 | 0.1004 |
| 2.0 | 5.487 | 0.1606 | 0.1152 | 80 | 0.2330 | 0.1312 | 0.0984 |
| 2.6 | 3.248 | 0.1585 | 0.1156 | 100 | 0.1878 | 0.1289 | 0.0968 |
| 3.2 | 2.144 | 0.1558 | 0.1152 | 125 | 0.1523 | 0.1309 | 0.0981 |
| 5.5 | 3.195 | 0.1519 | 0.1156 | 150 | 0.1279 | 0.1289 | 0.0968 |
| 8.0 | 2.198 | 0.1558 | 0.1152 | 200 | 0.0989 | 0.1263 | 0.0938 |
| 14 | 1.278 | 0.1434 | 0.1063 | 250 | 0.0810 | 0.1243 | 0.0915 |
| 22 | 0.817 | 0.1447 | 0.1076 | 325 | 0.0641 | 0.1253 | 0.0912 |
| 30 | 0.603 | 0.1378 | 0.1026 | 400 | 0.0542 | 0.1214 | 0.0853 |
| 38 | 0.477 | 0.1401 | 0.1047 | 500 | 0.0466 | | |
| 50 | 0.365 | 0.1368 | 0.1024 | – | – | – | – |

## 04. 저압배전선 및 인입선의 표준 길이

저압배전선의 표준길이에 대하여는 표 10.14의 표준경간 및 표 10.15의 실측 경간치를 사용하면 되고, 인입선의 길이는 최대 50m까지이나, 그 평균치인 25m를 적용하는 것이 바람직하다.

표 10.14 저압선의 경간수 제한(1995. 10. 24 제정)

| 항 목 | | | 번화가 및 상가 | 밀집주택 | 농어촌 |
|---|---|---|---|---|---|
| 경간수 | 단상2선 220V | 100 ㎟ | 3 | 5 | 5 |
| | | 60 ㎟ | 2 | 4 | 5 |
| | | 38 ㎟ | 1 | 3 | 5 |
| | 삼상4선 380V | 100 ㎟ | 10 | 10 | 10 |
| | | 60 ㎟ | 6 | 10 | 10 |
| | | 38 ㎟ | 4 | 8 | 10 |
| | | 22 ㎟ | 2 | 6 | 10 |
| 표 준 경 간 | | | 30m | 40m | 50m |

*주 : OW전선의 공칭단면적에 대한 허용전류 : 302, 206, 153, 112A

표 10.15 저압부하마스터에 의한 저압선 실측 경간(2002년, 충남지사)

| 항 목 | | | 번화가 및 상가 | 밀집주택 | 농어촌 |
|---|---|---|---|---|---|
| 경간수 | 단상2선 220V | 100 ㎟ | 1(30m) | 1(30m) | 2(36m) |
| | | 60 ㎟ | 1(33m) | 1(32m) | 2(38m) |
| | | 38 ㎟ | 2(41m) | 2(41m) | 3(50m) |
| | 삼상4선 380V | 100 ㎟ | 2(33m) | 1(30m) | 2(33m) |
| | | 60 ㎟ | 2(37m) | 2(31m) | 3(37m) |
| | | 38 ㎟ | 2(44m) | 2(38m) | 3(44m) |
| | | 22 ㎟ | 3(50m) | 2(47m) | 3(50m) |

*주 : 괄호안의 수치는 1경간 당 m를 나타냄.

## 05. 단순전압강하 계산법

부하가 없는 R + jX의 임피던스를 갖는 그림 10.18과 같은 저압배전선로에 분산전원만이 연결되는 경우를 상정하여 분산전원에 의한 전압상승값을 단순식으로 나타내면

$$\triangle V = I(Rcos\theta + Xsin\theta) = I_R R + I_X X$$

단, I : 분산전원의 출력전류

θ : 분산전원의 운전역률각(지상운전시 +, 진상운전시 -)

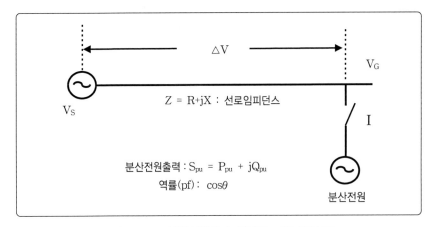

그림 10.18  분산전원만이 연결된 저압배전선로

와 같다. 이 식은 분산전원의 출력 유효 및 무효전력인 $P_{pu} + jQ_{pu}$에 대한 연계점에서의 선간전압상승치 $\triangle V$ [pu]를 구하면 다음과 같이 구할 수 있다. (단, I는 분산전원 정격출력전류)

$$\frac{\triangle V}{V_{L,BASE}} = \frac{\sqrt{3}\left(|I|Rcos\theta + |I|Xsin\theta\right)}{V_{L,BASE}}$$

$$= \frac{\sqrt{3}\left(|I|\dfrac{kV_{L,BASE}^2}{MVA_{3\phi,BASE}}R_{pu}\cos\theta + |I|\dfrac{kV_{L,BASE}^2}{MVA_{3\phi,BASE}}X_{pu}\sin\theta\right)}{V_{L,BASE}}$$

$$= \frac{\sqrt{3}|I|kV_{L,BASE}^2(R_{pu}\cos\theta + X_{pu}\sin\theta)}{MVA_{3\phi,BASE}V_{L,BASE}} = \frac{\sqrt{3}|I|kV_{L,BASE}^2(R_{pu}\cos\theta + X_{pu}\sin\theta)}{MVA_{3\phi,BASE}\ kV_{L,BASE}\times10^3}$$

$$= \frac{\sqrt{3}|I|kV_{L,BASE}\times10^{-3}(R_{pu}\cos\theta + X_{pu}\sin\theta)}{MVA_{3\phi,BASE}} = S_{pu}(R_{pu}\cos\theta + X_{pu}\sin\theta)$$

$$= P_{pu}R_{pu} + Q_{pu}X_{pu}$$

선간전압상승 $\triangle V$은 분산전원의 유효전력과 무효전력 출력량에 의하여 조정될 수 있으며, 특히 유효전력을 출력함으로써 일어난 전압상승분을 무효전력을 흡수함으로써(진상운전) 상쇄될 수 있다. 이 방법을 이용하여 380V 3상4선식 배전선로에 정격전류 48A(31.6kVA)의 분산전원이 연계될 경우 전압상승을 계산하여 보도록 한다.

◎ 3상4선 저압선로 래크장주 22mm² OW(옥외용절연전선) 300m를 적용한 경우

R = 0.85$\Omega$/km x 0.3km = 0.255$\Omega$, X = 0.382 $\Omega$/km x 0.3km = 0.1146$\Omega$로 환산된다. 먼저, 분산전원이 지상 0.9, 1.0, 진상 0.9에 대한 근사식은 다음과 같이 산출될 수 있다.

- 지상 0.9의 경우

$$\triangle V = I(Rcos\theta + Xsin\theta) = 48A \times (0.255 \times 0.9 + 0.1146 \times 0.436) = 13.4\,V$$

- 1.0의 경우

$$\triangle V = I(Rcos\theta + Xsin\theta) = 48A \times (0.255 \times 1.0 + 0.1146 \times 0.000) = 12.2\,V$$

- 진상 0.9의 경우

$$\triangle V = I(Rcos\theta + Xsin\theta) = 48A \times (0.255 \times 0.9 - 0.1146 \times 0.436) = \ 8.6\,V$$

이 계산식으로부터 분산전원의 운전역률범위가 지상0.9에서 진상0.9에 이르기까지 전압조정폭이 약 4.8V 정도 됨을 확인할 수 있다.

◎ 2다심꼬임전선CV케이블(600V) 공칭단면적 22mm²을 사용한 300m 220V 단상선로의 경우

R = 0.972$\Omega$/km x 0.3km = 0.2916$\Omega$, X = 0.0964$\Omega$/km x 0.3km = 0.0289$\Omega$으로 환산된다. PV 지상 0.9, 1.0, 진상 0.9에 대한 근사식은 다음과 같이 산출될 수 있다.

- 지상 0.9

$$\triangle V = 2I(Rcos\theta + Xsin\theta) = 2 \times 48A \times (0.2916 \times 0.9 + 0.0289 \times 0.436) = 26.4\,V$$

- 1.0

$$\triangle V = 2I(Rcos\theta + Xsin\theta) = 2 \times 48A \times (0.2916 \times 1.0 + 0.0289 \times 0.000) = 28.0\,V$$

- 진상 0.9

$$\triangle V = 2I(Rcos\theta + Xsin\theta) = 2 \times 48A \times (0.2916 \times 0.9 - 0.0289 \times 0.436) = \ 24.0\,V$$

이 경우, 분산전원의 운전역률범위가 지상 0.9에서 진상 0.9에 이르기까지 전압조정폭이 약 2.4V 정도 됨을 확인할 수 있다. 또한, X값이 R 값에 비하여 상당히 작고, 그 값이

약 0.03$\Omega$/300m이므로 역률 0.9일 경우 X값에 의한 전압강하 및 상승폭이 2 x 48A x 0.03 x 0.436 = 1.2V 정도이므로(100A의 경우 2.5V) 거의 무시하여 R값 만에 의한 전압상승 $IRcos\theta$만을 고려하여 간이적으로 계산이 가능하다. 즉, 상기의 지상 0.9, 1.0, 진상 0.9의 경우 25.2, 28, 25.2로 계산된다.

◎ **단상2선 저압선로 30cm 간격배치 22mm² OW(옥외용절연전선) 300m를 적용한 경우**

R = 0.85$\Omega$/km x 0.3km = 0.255$\Omega$, X = 0.346$\Omega$/km x 0.3km = 0.1038$\Omega$로 환산된다. 먼저, PV 지상 0.9, 1.0, 진상 0.9에 대한 근사식은 다음과 같이 산출될 수 있다.

- 지상 0.9

$$\triangle V = I(Rcos\theta + Xsin\theta) = 2 \times 48A \times (0.255 \times 0.9 + 0.1038 \times 0.436) = 26.4\,V$$

- 1.0

$$\triangle V = I(Rcos\theta + Xsin\theta) = 2 \times 48A \times (0.255 \times 1.0 + 0.1038 \times 0.000) = 24.5\,V$$

- 진상 0.9

$$\triangle V = I(Rcos\theta + Xsin\theta) = 2 \times 48A \times (0.255 \times 0.9 - 0.1038 \times 0.436) = 17.7\,V$$

이 계산식으로부터 분산전원의 운전역률범위가 지상0.9에서 진상0.9에 이르기까지 전압조정폭이 약 8.7V 정도 됨을 확인할 수 있다.

한편, 주상변압기에 의한 전압강하/상승은 300kVA 3상 Y결선시의 단상 100kVA 주상변압기 임피던스 0.006 + j0.016$\Omega$을 고려하면

- 지상 0.9의 경우

$$\triangle V = I(Rcos\theta + Xsin\theta) = 48A \times (0.006 \times 0.9 + 0.016 \times 0.436) = 0.594\,V$$

- 1.0의 경우

$$\triangle V = I(Rcos\theta + Xsin\theta) = 48A \times (0.006 \times 1.0 + 0.016 \times 0.000) = 0.288\,V$$

- 진상 0.9의 경우

$$\triangle V = I(Rcos\theta + Xsin\theta) = 48A \times (0.006 \times 0.9 - 0.016 \times 0.436) = -0.076\,V$$

로 산출되어 거의 영향이 없는 것으로 판단된다.

# Chapter 11

# 분산전원의 출력과 선로손실

본 장에서는 분산전원 도입에 따른 배전선로의 손실에 대한 분석을 제 8장에서 소개한 DistFlow Method를 이용하여 알아보도록 한다.

## 01. 분산전원의 출력과 선로손실과의 관계식

분산전원의 출력변화에 대한 선로손실의 변화를 다음과 같은 그림 11.1의 수지상 배전선로를 대상으로 하여 살펴보기로 한다.

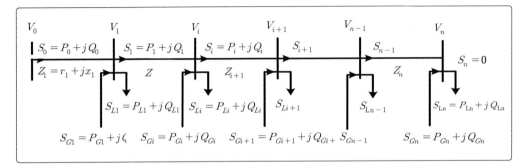

그림 11.1 분산전원이 도입된 배전선로의 단선도

그림 11.1에 대하여 DistFlow Method을 적용하면 다음과 같은 전력조류방정식이 얻어진다.

$$P_{i+1} = P_i - r_{i+1}\frac{(P_i^2 + Q_i^2)}{V_i^2} - P_{Li+1} + P_{Gi+1} \tag{11-1}$$

$$Q_{i+1} = Q_i - x_{i+1}\frac{(P_i^2 + Q_i^2)}{V_i^2} - Q_{Li+1} + Q_{Gi+1} \tag{11-2}$$

$$V_{i+1}^2 = V_i^2 - 2(r_{i+1}P_i + x_{i+1}Q_i) + \frac{(r_{i+1}^2 + x_{i+1}^2)(P_i^2 + Q_i^2)}{V_i^2} \tag{11-3}$$

단, i=0,1,………,n-1

$P_i$, $Q_i$ : 노드 i에서 구간 i+1에 공급되는 유효·무효전력

$V_i$    : 노드 i에서 전압 $V_i$의 크기

$Z_i$    : 구간 i에서의 임피던스 $r_i + jx_i$

$P_{Li}, Q_{Li}$ : 노드 i에서의 부하

$P_{Gi}, Q_{Gi}$ : 노드 i에서 공급되는 분산전원의 출력(유효·무효전력)

상기 식을 벡터의 형태로 표현된 $\mathbf{X}_i=[P_i\ Q_i\ V_i^2]^T$와 $\mathbf{S}_{Gi}=[P_{Gi}\ Q_{Gi}]^T$의 관계를 사용하면 다음식과 같이 된다.

$$\boldsymbol{X_{i+1}} = [P_{i+1}\ Q_{i+1}\ V_{i+1}^2]^T = \boldsymbol{f_{i+1}}(\boldsymbol{X_i}, P_{Gi+1}, Q_{Gi+1}) = \boldsymbol{f_{i+1}}(\boldsymbol{X_i}, \boldsymbol{S_{Gi+1}}) \qquad (11\text{-}4)$$

그림 11.1의 배전선로에 대한 유효전력손실과 무효전력손실을 구하면 각각

● 유효전력손실

$$P_l(\boldsymbol{X}) = r_1 I_0^2 + r_2 I_1^2 + \cdots + r_n I_{n-1}^2 = r_1 \frac{P_0^2 + Q_0^2}{V_0^2} + r_2 \frac{P_1^2 + Q_1^2}{V_1^2} + \cdots + r_n \frac{P_{n-1}^2 + Q_{n-1}^2}{V_{n-1}^2}$$

$$= \sum_{i=1}^{n} r_i \frac{P_{i-1}^2 + Q_{i-1}^2}{V_{i-1}^2} \qquad (11\text{-}5)$$

● 무효전력손실

$$Q_l(\boldsymbol{X}) = x_1 I_0^2 + x_2 I_1^2 + \cdots + x_n I_{n-1}^2 = x_1 \frac{P_0^2 + Q_0^2}{V_0^2} + x_2 \frac{P_1^2 + Q_1^2}{V_1^2} + \cdots + x_n \frac{P_{n-1}^2 + Q_{n-1}^2}{V_{n-1}^2}$$

$$= \sum_{i=1}^{n} x_i \frac{P_{i-1}^2 + Q_{i-1}^2}{V_{i-1}^2} \qquad (11\text{-}6)$$

으로 표현되지만, 이를 더 간단히 표현하면 식(11-1), (11-2), (11-3)으로부터

$$P_l(\boldsymbol{X}) = \sum_{i=1}^{n} r_i \frac{P_{i-1}^2 + Q_{i-1}^2}{V_{i-1}^2} = \sum_{i=1}^{n} (P_{i-1} - P_i - P_{Li} + P_{Gi}) = (P_0 - P_1 - P_{L1} + P_{G1})$$

$$+ (P_1 - P_2 - P_{L2} + P_{G2}) + (P_2 - P_3 - P_{L3} + P_{G3}) + \cdots$$

$$+ (P_{n-1} - P_n - P_{Ln} + P_{Gn}) = P_0 - P_n + \sum_{i=1}^{n} (P_{Gi} - P_{Li})$$

$$= P_0 + \sum_{i=1}^{n} (P_{Gi} - P_{Li}) \triangleq P_l(P_0, \ P_G) \tag{11-7}$$

$$Q_l(\boldsymbol{X}) = \sum_{i=1}^{n} x_i \frac{P_{i-1}^2 + Q_{i-1}^2}{V_{i-1}^2} = \sum_{i=1}^{n} (Q_{i-1} - Q_i - Q_{Li} + Q_{Gi}) = (Q_0 - Q_1 - Q_{L1} + Q_{G1})$$

$$+ (Q_1 - Q_2 - Q_{L2} + Q_{G2}) + (Q_2 - Q_3 - Q_{L3} + Q_{G3}) + \cdots$$

$$+ (Q_{n-1} - Q_n - Q_{Ln} + Q_{Gn}) = Q_0 - Q_n + \sum_{i=1}^{n} (Q_{Gi} - Q_{Li})$$

$$= Q_0 + \sum_{i=1}^{n} (Q_{Gi} - Q_{Li}) \triangleq Q_l(Q_0, \boldsymbol{Q_G}) \tag{11-8}$$

이 된다. 식(11-7), (11-8)에서 분산전원의 출력($S_{Gi} = P_{Gi} + jQ_{Gi}$)이 $\Delta P_{Gi}$, $\Delta Q_{Gi}$만큼 변화하는 경우 선로손실의 변화량 $\Delta P_l(P_0, \ \mathbf{P}_G)$, $\Delta Q_l(Q_0, \ \mathbf{Q}_G)$은

$$\Delta P_l(P_0, \boldsymbol{P_G}) = \left[ \frac{\partial P_0}{\partial \boldsymbol{P_G}} + \frac{\partial}{\partial \boldsymbol{P_G}} \left( \sum_{i=1}^{n} (P_{Gi} - P_{Li}) \right) \right] \Delta \boldsymbol{P_G} + \left[ \frac{\partial P_0}{\partial \boldsymbol{Q_G}} + \frac{\partial}{\partial \boldsymbol{Q_G}} \left( \sum_{i=1}^{n} (P_{Gi} - P_{Li}) \right) \right] \Delta \boldsymbol{Q_G}$$

$$= \left[ \frac{\partial P_0}{\partial \boldsymbol{P_G}} + [1 \ 1 \ \cdots \ 1] \right] \Delta \boldsymbol{P_G} + \frac{\partial P_0}{\partial \boldsymbol{Q_G}} \Delta \boldsymbol{Q_G} \tag{11-9}$$

$$\Delta Q_l(Q_0, \boldsymbol{P_G}) = \left[ \frac{\partial Q_0}{\partial \boldsymbol{P_G}} + \frac{\partial}{\partial \boldsymbol{P_G}} \left( \sum_{i=1}^{n} (Q_{Gi} - Q_{Li}) \right) \right] \Delta \boldsymbol{P_G} + \left[ \frac{\partial Q_0}{\partial \boldsymbol{Q_G}} + \frac{\partial}{\partial \boldsymbol{Q_G}} \left( \sum_{i=1}^{n} (Q_{Gi} - Q_{Li}) \right) \right] \Delta \boldsymbol{Q_G}$$

$$= \frac{\partial Q_0}{\partial \boldsymbol{P_G}} \Delta \boldsymbol{P_G} + \left[ \frac{\partial Q_0}{\partial \boldsymbol{Q_G}} + [1 \ 1 \ \cdots \ 1] \right] \Delta \boldsymbol{Q_G} \tag{11-10}$$

으로 된다. 여기서, $\Delta \mathbf{P}_G$, $\Delta \mathbf{Q}_G$의 계수에 대한 물리적인 의미는 다음과 같다.

- $\left[\dfrac{\partial P_0}{\partial \boldsymbol{P_G}}+[1\ 1\ \cdots\ 1]\right]$

분산전원의 출력 중에서 유효전력의 변화에 대한 선로의 유효전력 손실변화계수 즉, node i에서 인가되는 분산전원($S_{Gi} = P_{Gi} + jQ_{Gi}$)의 유효전력 변화($\Delta P_{Gi}$)에 의한 선로의 유효전력 손실변화계수는 $\left(\dfrac{\partial P_0}{\partial P_{Gi}}+1\right)$로 된다.

- $\dfrac{\partial P_0}{\partial \boldsymbol{Q_G}}$

분산전원의 무효전력변화($\Delta Q_{Gi}$)에 의한 선로의 유효전력 손실변화계수

- $\dfrac{\partial Q_0}{\partial \boldsymbol{P_G}}$

분산전원의 유효전력변화($\Delta P_{Gi}$)에 의한 선로의 무효전력 손실변화계수

- $\left[\dfrac{\partial Q_0}{\partial \boldsymbol{Q_G}}+[1\ 1\ \ldots\ 1]\right]$

분산전원의 출력 중에서 무효전력의 변화에 대한 선로의 무효전력손실 변화계수 즉, node i에서 인가되는 분산전원($S_{Gi} = P_{Gi} + jQ_{Gi}$)의 무효전력 변화($\Delta Q_{Gi}$)에 의한 선로의 유효전력 손실변화계수는 $\left(\dfrac{\partial Q_0}{\partial Q_{Gi}}+1\right)$로 된다.

위에 기술한 손실변화계수에 포함되어 있는 $\partial P_0/\partial P_G$, $\partial P_0/\partial Q_G$, $\partial Q_0/\partial P_G$, $\partial Q_0/\partial Q_G$는 다음과 같이 얻어진다. 우선 식(11-4)은 $H(P_0, Q_0, P_G, Q_G) \triangleq H(Z_0, S_G) = 0$의 형태로 표현하여 이를 어느 운전점 $Z_0$, $S_G$를 중심으로 Taylor 급수 전개하면

$$H(Z_0 + \Delta Z_0, S_G) + \triangle_{Z_0} H(Z_0, S_G)\Delta Z_0 + \triangle_{S_G} H(Z_0, S_G)\Delta S_G + \Delta(高次項) = 0$$

(11-11)

으로 되고, 여기에 $H(Z_0, S_G)=0$, $\displaystyle\lim_{\Delta Z_0 \to 0}\lim_{\Delta S_G \to 0}\Delta(高次項) = 0$ (1차미분 가능한 경우)에 있는 것을 생각해 보면

$$\triangle_{Z_0} H(Z_0, S_G) \triangle Z_0 + \triangle_{S_G} H(Z_0, S_G) \triangle S_G = 0 \qquad (11\text{-}12)$$

이 된다. 그런데, 식(11-12)의 $\triangle_{Z_0} H(Z_0, S_G)$는 전체 시스템 Jacobian $J(z_0)$이고, $\det(J(z_0)) \approx 1$이므로 역행렬이 항상 존재한다. 그러므로 상기 식은 다음 식(10-13)과 같이 전개할 수 있다.

$$\frac{\partial Z_0}{\partial S_G} = - \left[ \triangle_{S_G} H(Z_0, S_G) \right]^{-1} \triangle_{S_G} H(Z_0, S_G)$$

$$= - \left[ J(Z_0) \right]^{-1} \triangle_{S_G} H(Z_0, S_G) = \begin{bmatrix} \dfrac{\partial P_0}{\partial P_G} & \dfrac{\partial P_0}{\partial Q_G} \\ \dfrac{\partial Q_0}{\partial P_G} & \dfrac{\partial Q_0}{\partial Q_G} \end{bmatrix} \qquad (11\text{-}13)$$

$$\triangle_{S_G} H(Z_0, S_G) = \begin{bmatrix} \dfrac{\partial \widehat{P}_n}{\partial P_G} & \dfrac{\partial \widehat{P}_n}{\partial Q_G} \\ \dfrac{\partial \widehat{Q}_n}{\partial P_G} & \dfrac{\partial \widehat{Q}_n}{\partial Q_G} \end{bmatrix}$$

$$= \begin{bmatrix} \dfrac{\partial \widehat{P}_n}{\partial P_{G1}} & \dfrac{\partial \widehat{P}_n}{\partial P_{G2}} & \cdots\cdots & \dfrac{\partial \widehat{P}_n}{\partial P_{Gn}} & \dfrac{\partial \widehat{P}_n}{\partial Q_{G1}} & \dfrac{\partial \widehat{P}_n}{\partial Q_{G2}} & \cdots\cdots & \dfrac{\partial \widehat{P}_n}{\partial Q_{Gn}} \\ \dfrac{\partial \widehat{Q}_n}{\partial P_{G1}} & \dfrac{\partial \widehat{Q}_n}{\partial P_{G2}} & \cdots\cdots & \dfrac{\partial \widehat{Q}_n}{\partial P_{Gn}} & \dfrac{\partial \widehat{P}_n}{\partial Q_{G1}} & \dfrac{\partial \widehat{P}_n}{\partial Q_{G2}} & \cdots\cdots & \dfrac{\partial \widehat{P}_n}{\partial Q_{Gn}} \end{bmatrix}$$

$$(11\text{-}14)$$

단, $\begin{aligned} X_n &= f_n \ (X_{n-1}, \ P_{Gn}, \quad Q_{Gn} \ ) \\ X_{n-1} &= f_{n-1}(X_{n-2}, \ P_{Gn-1}, \ Q_{Gn-1}) \\ &\vdots \\ X_1 &= f_1 \ (X_0, \quad P_{G1}, \quad Q_{G1} \ ) \end{aligned}$

여기서, $\triangle_{S_G} H(Z_0, S_G)$는 다음과 같이 얻어진다.

$$\frac{\partial \widehat{P}_n}{\partial P_{G1}} = \frac{\partial \widehat{P}_n}{\partial X_{n-1}} \cdot \frac{\partial X_{n-1}}{\partial X_{n-2}} \cdots \frac{\partial X_2}{\partial X_1} \cdot \frac{\partial X_1}{\partial P_{G1}}$$

$$= \left[ 1 - 2r_n \frac{P_{n-1}}{V_{n-1}^2} - 2r_n \frac{Q_{n-1}}{V_{n-1}^2} \, r_n \frac{P_{n-1}^2 + Q_{n-1}^2}{V_{n-1}^4} \right] \boldsymbol{J_{n-1} J_{n-2}} \cdots \boldsymbol{J_2} [1 \; 0 \; 0]^T$$

$$\frac{\partial \widehat{P}_n}{\partial P_{G2}} = \frac{\partial \widehat{P}_n}{\partial \boldsymbol{X_{n-1}}} \cdot \frac{\partial \boldsymbol{X_{n-1}}}{\partial \boldsymbol{X_{n-2}}} \cdots \frac{\partial \boldsymbol{X_3}}{\partial \boldsymbol{X_2}} \cdot \frac{\partial \boldsymbol{X_2}}{\partial P_{G2}}$$

$$= \left[ 1 - 2r_n \frac{P_{n-1}}{V_{n-1}^2} - 2r_n \frac{Q_{n-1}}{V_{n-1}^2} \, r_n \frac{P_{n-1}^2 + Q_{n-1}^2}{V_{n-1}^4} \right] \boldsymbol{J_{n-1} J_{n-2}} \cdots \boldsymbol{J_3} [1 \; 0 \; 0]^T$$

$$\vdots \qquad\qquad \vdots$$

$$\frac{\partial \widehat{P}_n}{\partial P_{Gn-1}} = \frac{\partial \widehat{P}_n}{\partial \boldsymbol{X_{n-1}}} \cdot \frac{\partial \boldsymbol{X_{n-1}}}{\partial P_{Gn-1}}$$

$$= \left[ 1 - 2r_n \frac{P_{n-1}}{V_{n-1}^2} \quad - 2r_n \frac{Q_{n-1}}{V_{n-1}^2} \quad r_n \frac{P_{n-1}^2 + Q_{n-1}^2}{V_{n-1}^4} \right] [1 \; 0 \; 0]^T$$

$$\frac{\partial \widehat{P}_n}{\partial P_{Gn}} = 1 \tag{11-15}$$

$$\frac{\partial \widehat{P}_n}{\partial Q_{G1}} = \frac{\partial \widehat{P}_n}{\partial \boldsymbol{X_{n-1}}} \cdot \frac{\partial \boldsymbol{X_{n-1}}}{\partial \boldsymbol{X_{n-2}}} \cdots \frac{\partial \boldsymbol{X_2}}{\partial \boldsymbol{X_1}} \cdot \frac{\partial \boldsymbol{X_1}}{\partial Q_{G1}}$$

$$= \left[ 1 - 2r_n \frac{P_{n-1}}{V_{n-1}^2} - 2r_n \frac{Q_{n-1}}{V_{n-1}^2} \, r_n \frac{P_{n-1}^2 + Q_{n-1}^2}{V_{n-1}^4} \right] \boldsymbol{J_{n-1} J_{n-2}} \cdots \boldsymbol{J_2} [0 \; 1 \; 0]^T$$

$$\frac{\partial \widehat{P}_n}{\partial Q_{G2}} = \frac{\partial \widehat{P}_n}{\partial \boldsymbol{X_{n-1}}} \cdot \frac{\partial \boldsymbol{X_{n-1}}}{\partial \boldsymbol{X_{n-2}}} \cdots \frac{\partial \boldsymbol{X_3}}{\partial \boldsymbol{X_2}} \cdot \frac{\partial \boldsymbol{X_2}}{\partial Q_{G2}}$$

$$= \left[ 1 - 2r_n \frac{P_{n-1}}{V_{n-1}^2} - 2r_n \frac{Q_{n-1}}{V_{n-1}^2} \, r_n \frac{P_{n-1}^2 + Q_{n-1}^2}{V_{n-1}^4} \right] \boldsymbol{J_{n-1} J_{n-2}} \cdots \boldsymbol{J_3} [0 \; 1 \; 0]^T$$

$$\vdots \qquad\qquad \vdots$$

$$\frac{\partial \widehat{P}_n}{\partial Q_{Gn-1}} = \frac{\partial \widehat{P}_n}{\partial \boldsymbol{X_{n-1}}} \cdot \frac{\partial \boldsymbol{X_{n-1}}}{\partial Q_{Gn-1}}$$

$$= \left[ 1 - 2r_n \frac{P_{n-1}}{V_{n-1}^2} \quad - 2r_n \frac{Q_{n-1}}{V_{n-1}^2} \quad r_n \frac{P_{n-1}^2 + Q_{n-1}^2}{V_{n-1}^4} \right] [0 \; 1 \; 0]^T$$

$$\frac{\partial \widehat{P}_n}{\partial P_{Gn}} = 0 \tag{11-16}$$

$$\frac{\partial \widehat{Q}_n}{\partial P_{G1}} = \frac{\partial \widehat{Q}_n}{\partial \boldsymbol{X}_{n-1}} \cdot \frac{\partial \boldsymbol{X}_{n-1}}{\partial \boldsymbol{X}_{n-2}} \cdots \frac{\partial \boldsymbol{X}_2}{\partial \boldsymbol{X}_1} \cdot \frac{\partial \boldsymbol{X}_1}{\partial P_{G1}}$$

$$= \left[ 1 - 2x_n \frac{P_{n-1}}{V_{n-1}^2} - 2x_n \frac{Q_{n-1}}{V_{n-1}^2} x_n \frac{P_{n-1}^2 + Q_{n-1}^2}{V_{n-1}^4} \right] \boldsymbol{J}_{n-1} \boldsymbol{J}_{n-2} \cdots \boldsymbol{J}_2 [1 \ 0 \ 0]^T$$

$$\frac{\partial \widehat{Q}_n}{\partial P_{G2}} = \frac{\partial \widehat{Q}_n}{\partial \boldsymbol{X}_{n-1}} \cdot \frac{\partial \boldsymbol{X}_{n-1}}{\partial \boldsymbol{X}_{n-2}} \cdots \frac{\partial \boldsymbol{X}_3}{\partial \boldsymbol{X}_2} \cdot \frac{\partial \boldsymbol{X}_2}{\partial P_{G2}}$$

$$= \left[ 1 - 2x_n \frac{P_{n-1}}{V_{n-1}^2} - 2x_n \frac{Q_{n-1}}{V_{n-1}^2} x_n \frac{P_{n-1}^2 + Q_{n-1}^2}{V_{n-1}^4} \right] \boldsymbol{J}_{n-1} \boldsymbol{J}_{n-2} \cdots \boldsymbol{J}_3 [1 \ 0 \ 0]^T$$

$$\vdots \qquad\qquad \vdots$$

$$\frac{\partial \widehat{Q}_n}{\partial P_{Gn-1}} = \frac{\partial \widehat{Q}_n}{\partial \boldsymbol{X}_{n-1}} \cdot \frac{\partial \boldsymbol{X}_{n-1}}{\partial P_{Gn-1}}$$

$$= \left[ 1 - 2x_n \frac{P_{n-1}}{V_{n-1}^2} \quad - 2x_n \frac{Q_{n-1}}{V_{n-1}^2} \quad x_n \frac{P_{n-1}^2 + Q_{n-1}^2}{V_{n-1}^4} \right] [1 \ 0 \ 0]^T$$

$$\frac{\partial \widehat{Q}_n}{\partial P_{Gn}} = 0 \qquad\qquad\qquad\qquad\qquad\qquad\qquad\qquad (11\text{-}17)$$

$$\frac{\partial \widehat{Q}_n}{\partial Q_{G1}} = \frac{\partial \widehat{Q}_n}{\partial \boldsymbol{X}_{n-1}} \cdot \frac{\partial \boldsymbol{X}_{n-1}}{\partial \boldsymbol{X}_{n-2}} \cdots\cdots \frac{\partial \boldsymbol{X}_2}{\partial \boldsymbol{X}_1} \cdot \frac{\partial \boldsymbol{X}_1}{\partial Q_{G1}}$$

$$= \left[ 1 - 2x_n \frac{P_{n-1}}{V_{n-1}^2} - 2x_n \frac{Q_{n-1}}{V_{n-1}^2} x_n \frac{P_{n-1}^2 + Q_{n-1}^2}{V_{n-1}^4} \right] \boldsymbol{J}_{n-1} \boldsymbol{J}_{n-2} \cdots \boldsymbol{J}_2 [0 \ 1 \ 0]^T$$

$$\frac{\partial \widehat{Q}_n}{\partial Q_{G2}} = \frac{\partial \widehat{Q}_n}{\partial \boldsymbol{X}_{n-1}} \cdot \frac{\partial \boldsymbol{X}_{n-1}}{\partial \boldsymbol{X}_{n-2}} \cdots\cdots \frac{\partial \boldsymbol{X}_3}{\partial \boldsymbol{X}_2} \cdot \frac{\partial \boldsymbol{X}_2}{\partial Q_{G2}}$$

$$= \left[ 1 - 2x_n \frac{P_{n-1}}{V_{n-1}^2} - 2x_n \frac{Q_{n-1}}{V_{n-1}^2} x_n \frac{P_{n-1}^2 + Q_{n-1}^2}{V_{n-1}^4} \right] \boldsymbol{J}_{n-1} \boldsymbol{J}_{n-2} \cdots \boldsymbol{J}_3 [0 \ 1 \ 0]^T$$

$$\vdots \qquad\qquad \vdots$$

$$\frac{\partial \widehat{Q}_n}{\partial Q_{Gn-1}} = \frac{\partial \widehat{Q}_n}{\partial \boldsymbol{X}_{n-1}} \cdot \frac{\partial \boldsymbol{X}_{n-1}}{\partial Q_{Gn-1}}$$

$$= \left[ 1 - 2x_n \frac{P_{n-1}}{V_{n-1}^2} \quad - 2x_n \frac{Q_{n-1}}{V_{n-1}^2} \quad x_n \frac{P_{n-1}^2 + Q_{n-1}^2}{V_{n-1}^4} \right] [0 \ 1 \ 0]^T$$

$$\frac{\partial \widehat{Q}_n}{\partial Q_{Gn}} = 1 \qquad\qquad\qquad\qquad\qquad\qquad\qquad\qquad (11\text{-}18)$$

그러므로 식(11-11)~ 식(11-18)의 과정을 통하여 식(11-9)와 (11-10)의 손실계수를 구하는 것이 가능하다. 한편, 식(11-9)와 (11-10)에 있어서 $\Delta P_G$, $\Delta Q_G$에 관계하고 있는 $\Delta P_l$, $\Delta Q_l$이 0으로 되는 점, 즉 각각

식(11-9)로부터

$$\frac{\partial P_0}{\partial \boldsymbol{P_G}} = -[1\ 1\ \cdots\cdots\ 1] \quad \text{and} \quad \frac{\partial P_0}{\partial \boldsymbol{Q_G}} = 0 \tag{11-19}$$

식(11-10)으로부터

$$\frac{\partial Q_0}{\partial \boldsymbol{P_G}} = 0 \quad and \quad \frac{\partial Q_0}{\partial \boldsymbol{Q_G}} = -[1\ 1\ \cdots\cdots\ 1] \tag{11-20}$$

인 점에서 유효전력손실 및 무효전력손실은 최소가 된다. 즉, 그림 11.1에 있어서 $P_G = 0$, $Q_G = 0$으로 된다. 이 운전 상태에 분산전원의 출력 $S_G$를 증가시키면 $S_G$의 증가에 따라 $P_0$, $Q_0$는 감소한다. 이때 $\frac{\partial P_0}{\partial P_{Gi}}$의 값은 $\frac{\partial P_0}{\partial P_{Gi}} < -1$으로부터, $\frac{\partial P_0}{\partial Q_{Gi}}$의 값은 $\frac{\partial P_0}{\partial Q_{Gi}} < 0$으로부터 더욱더 증가해 가는(손실은 감소) $\frac{\partial P_0}{\partial P_{Gi}} = -1$, $\frac{\partial P_0}{\partial Q_{Gi}} = 0$ ($i = 1,\ \cdots,\ n$)점에서, 즉 $\Delta P_{Gi}$의 미소변화에 대해서 $P_0$의 변화분이 $-\Delta P_{Gi}$이고 동시에 $\Delta Q_{Gi}$의 미소변화에 대한 $P_0$의 변화분은 0으로 되는 점에서 유효전력손실은 최소로 된다. 이점을 넘으면 $\frac{\partial P_0}{\partial P_{Gi}} > -1$ , $\frac{\partial P_0}{\partial Q_{Gi}} > 0$으로 되서 식(11-7)로 나타낸 것에 의해 손실은 증가해간다.

## 02 분석예 및 고찰

배전선로에 대한 분산전원이 연계되는 형태는 일정치 않고 다양하다. 그리고 우선 가장 간단한 2개의 노드, 1개의 구간의 전용배전선(현재 일본에서 유일하게 역조류가 허용되고 있는 형태)에 대해서 분산전원의 출력변화에 대비해서 선로손실 및 노드전압의 출력을 고찰하고 그와 다른 연계형태를 대비하는 배전선에 대해서도 분석해 보자.

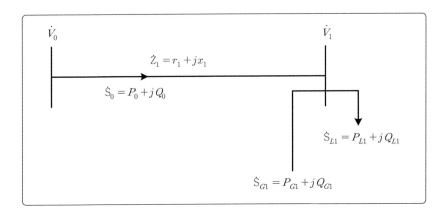

그림 11.2 분산전원의 역조류가 허용되는 고압전용 배전선의 간선

그림 11.2와 같은 배전선로의 DistFlow 방정식은 다음과 같다.

$$P_0 - r_1 \frac{(P_0^2 + Q_0^2)}{V_0^2} - P_{L1} + P_{G1} = 0 \qquad (11\text{-}21)$$

$$Q_0 - x_1 \frac{(P_0^2 + Q_0^2)}{V_0^2} - Q_{L1} + Q_{G1} = 0 \qquad (11\text{-}22)$$

$$V_1^2 = V_0^2 - 2(r_1 P_0 + x_1 Q_0) + (r_1^2 + x_1^2)\frac{P_0^2 + Q_0^2}{V_0^2} \qquad (11\text{-}23)$$

그림 11.2에 대한 등가회로를 표현하면 그림 11.3과 같다.

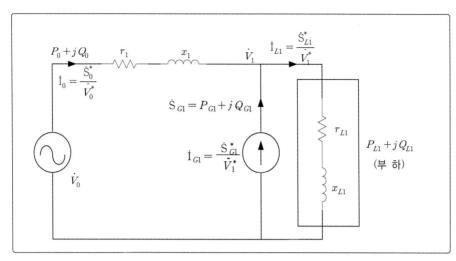

그림 11.3   그림 11.2에 대한 전기적인 등가회로

그림 11.3의 등가회로에 대하여 다음과 같이 식을 정리할 수 있다.

$$\dot{V}_0 = \dot{I}_0(r_1 + jx_1) + \dot{V}_1 \tag{11-24}$$

$$\dot{I}_0 + \dot{I}_{G1} = \dot{I}_{L1} \tag{11-25}$$

$$\frac{\dot{S}_0^{\;*}}{\dot{V}_0^{\;*}} + \frac{\dot{S}_{G1}^{\;*}}{\dot{V}_1^{\;*}} = \frac{\dot{S}_{L1}^{\;*}}{\dot{V}_1^{\;*}}$$

$$\frac{P_0 + jQ_0}{\dot{V}_0^{\;*}} = \frac{1}{\dot{V}_1^{\;*}}\left[(-P_{G1} + P_{L1}) + j(Q_{G1} - Q_{L1})\right]$$

$$\frac{P_0^2 + Q_0^2}{\dot{V}_0^{\;2}} = \frac{1}{\dot{V}_1^{\;2}} \tag{11-26}$$

대상선로에 대한 손실은

$$P_l = P_0 - P_{L1} + P_{G1} \tag{11-27}$$

으로 된다. 즉, $\mathrm{H}(\boldsymbol{Z}_0,\; P_{G1},\; Q_{G1}) = \mathrm{H}(\boldsymbol{Z}_o,\; \dot{\boldsymbol{S}}_{G1}) = 0$으로부터 $\dfrac{\partial \boldsymbol{Z}_0}{\partial \boldsymbol{S}_{G1}}$을 구하면

$$\frac{\partial \boldsymbol{Z_0}}{\partial \boldsymbol{S_{G1}}} = - \left[ \triangle_{Z_0} \boldsymbol{H}(\boldsymbol{Z_0}, \boldsymbol{S_{G1}}) \right]^{-1} \triangle_{S_{G1}} \boldsymbol{H}(\boldsymbol{Z_0}, \ \boldsymbol{S_{G1}}) \tag{11-28}$$

$$\frac{\partial \widehat{P_1}}{\partial \boldsymbol{X_0}} = \left[ \frac{\partial \widehat{P_1}}{\partial P_0}, \ \frac{\partial \widehat{P_1}}{\partial P_0}, \ \frac{\partial \widehat{P_1}}{\partial V_0^2} \right] = \left[ 1 - 2r_1 \frac{P_0}{V_0^2} \quad - 2r_1 \frac{Q_0}{V_0^2} \quad r_1 \frac{P_0^2 + Q_0^2}{V_0^2} \right] \tag{11-29}$$

$$\frac{\partial \widehat{Q_1}}{\partial \boldsymbol{X_0}} = \left[ \frac{\partial \widehat{Q_1}}{\partial P_0}, \ \frac{\partial \widehat{Q_1}}{\partial P_0}, \ \frac{\partial \widehat{Q_1}}{\partial V_0^2} \right] = \left[ 1 - 2x_1 \frac{P_0}{V_0^2} \quad - 2x_1 \frac{Q_0}{V_0^2} \quad x_1 \frac{P_0^2 + Q_0^2}{V_0^2} \right] \tag{11-30}$$

$$\boldsymbol{J} = \begin{bmatrix} \dfrac{\partial \widehat{P_1}}{\partial P_0} & \dfrac{\partial \widehat{P_1}}{\partial Q_0} \\ \dfrac{\partial \widehat{Q_1}}{\partial P_0} & \dfrac{\partial \widehat{Q_1}}{\partial Q_0} \end{bmatrix} = \begin{bmatrix} 1 - 2r_1 \dfrac{P_0}{V_0^2} & - 2r_1 \dfrac{Q_0}{V_0^2} \\ - 2x_1 \dfrac{P_0}{V_0^2} & 1 - 2x_1 \dfrac{Q_0}{V_0^2} \end{bmatrix} \tag{11-31}$$

$$\triangle_{SG} \boldsymbol{H}(\boldsymbol{Z_0}, \boldsymbol{S_{G1}}) = \begin{bmatrix} \dfrac{\partial \widehat{P_1}}{\partial P_{G1}} & \dfrac{\partial \widehat{P_1}}{\partial Q_{G1}} \\ \dfrac{\partial \widehat{Q_1}}{\partial P_{G1}} & \dfrac{\partial \widehat{Q_1}}{\partial Q_{G1}} \end{bmatrix} = \begin{bmatrix} 1 & 0 \\ 0 & 1 \end{bmatrix} \tag{11-32}$$

$$\frac{\partial \boldsymbol{Z_0}}{\partial \boldsymbol{S_{G1}}} = \begin{bmatrix} \dfrac{\partial P_0}{\partial P_{G1}} & \dfrac{\partial P_0}{\partial Q_{G1}} \\ \dfrac{\partial Q_0}{\partial P_{G1}} & \dfrac{\partial Q_0}{\partial Q_{G1}} \end{bmatrix} = - [\boldsymbol{J}]^{-1} \begin{bmatrix} 1 & 0 \\ 0 & 1 \end{bmatrix} = - \frac{1}{\Delta} \begin{bmatrix} 1 - 2x_1 \dfrac{Q_0}{V_0^2} & 2r_1 \dfrac{Q_0}{V_0^2} \\ 2x_1 \dfrac{P_0}{V_0^2} & 1 - 2r_1 \dfrac{P_0}{V_0^2} \end{bmatrix} \tag{11-33}$$

여기서, 단위법을 사용해서 $V_0 = 1.0$p.u.로 놓으면

$$\begin{bmatrix} \dfrac{\partial P_0}{\partial P_{G1}} & \dfrac{\partial P_0}{\partial Q_{G1}} \\ \dfrac{\partial Q_0}{\partial P_{G1}} & \dfrac{\partial Q_0}{\partial Q_{G1}} \end{bmatrix} = - \frac{1}{1 - 2(r_1 P_0 + x_1 Q_0)} \begin{bmatrix} 1 - 2x_1 Q_0 & 2r_1 Q_0 \\ 2x_1 P_0 & 1 - 2r_1 P_0 \end{bmatrix} \tag{11-34}$$

가 되고 다음과 같은 관계가 성립된다.

$$\Delta P_0 = - \frac{1 - 2x_1 Q_0}{1 - 2(r_1 P_0 + x_1 Q_0)} \Delta P_{G1} - \frac{2r_1 Q_0}{1 - 2(r_1 P_0 + x_1 Q_0)} \Delta Q_{G1} \tag{11-35}$$

$$\Delta Q_0 = -\frac{1-2x_1P_0}{1-2(r_1P_0+x_1Q_0)}\Delta P_{G1} - \frac{2r_1P_0}{1-2(r_1P_0+x_1Q_0)}\Delta Q_{G1} \tag{11-36}$$

여기서, 우선 분산전원의 용량제약조건이 없는 경우 손실과 출력 $\dot{S}_{G1} = P_{G1} + jQ_{G1}$과의 관계를 분석해보자. 식(11-37)로부터

$$\Delta P_l = \frac{\partial P_0}{\partial P_{G1}}\Delta P_{G1} + \frac{\partial P_0}{\partial Q_{G1}}\Delta Q_{Gl} + \Delta P_{G1}$$

$$= \frac{-2r_1P_0}{1-2(r_1P_0+x_1Q_0)}\Delta P_{G1} + \frac{-2r_1Q_0}{1-2(r_1P_0+x_1Q_0)}\Delta Q_{G1} \tag{11-37}$$

가 얻어진다. 여기서 $P_l$과 $P_{G1}$, $Q_l$과 $Q_{G1}$ 각각의 관계는 다음 그림과 같이 된다.

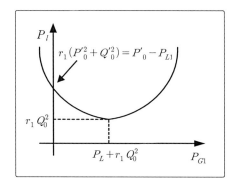

그림 11.4  $P_{G1}$과 $P_l$과의 관계

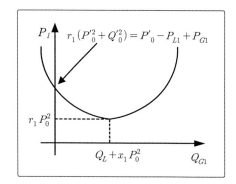

그림 11.5  $Q_{G1}$과 $P_l$과의 관계

용량제약이 없을때 $P_{l,min}$은 $P_{G1} = P_L$, $Q_{G1} = Q_L$의 점에서 0이 된다. 그러나 용량제약조건이 $P_{G1}^2 + Q_{G1}^2 \leq \alpha^2$으로 주어진 경우에는 다음과 같이 구해진다.

$$P_l = P_0 - P_L + P_{G1} = k \tag{11-38}$$

$$P_{G1}^2 + Q_{G1}^2 = \alpha^2 \tag{11-39}$$

식 (11-38)로부터 $P_{G1}$-$Q_{G1}$ 평면에 대한 slope $\dfrac{\partial Q_{G1}}{\partial P_{G1}}$을 구해보면

$$\frac{\partial P_0}{\partial P_{G1}} + \frac{\partial P_0}{\partial Q_{G1}} \cdot \frac{\partial Q_{G1}}{\partial P_{G1}} + 1 = 0$$

$$\therefore \frac{\partial Q_{G1}}{\partial P_{G1}} = - \frac{\left(1 + \frac{\partial P_0}{\partial P_{G1}}\right)}{\frac{\partial P_0}{\partial Q_{G1}}} = - \left(1 - \frac{1 - 2x_1 Q_0}{1 - 2(r_1 P_0 + x_1 Q_0)}\right) \cdot \frac{1 - 2(r_1 P_0 + x_1 Q_0)}{2 r_1 Q_0}$$

$$= - \frac{P_0}{Q_0} \tag{11-40}$$

식(11-39)로부터

$$2P_{G1} + 2Q_{G1}\frac{\partial Q_{G1}}{\partial P_{G1}} = 0 \qquad \therefore \frac{\partial Q_{G1}}{\partial P_{G1}} = -\frac{P_{G1}}{Q_{G1}} \tag{11-41}$$

식(11-40)과 식(11-41)은 같으므로

$$P_{G1} = Q_{G1} \times \frac{P_0}{Q_0} \tag{11-42}$$

(52)식을 (49)식에 대입하면

$$Q_{G1} = \frac{\partial Q_0}{\sqrt{P_0^2 + Q_0^2}} \cdot \qquad P_{G1} = \frac{\partial P_0}{\sqrt{P_0^2 + Q_0^2}} \tag{11-43}$$

그러므로, $P_{G1}$, $Q_{G1}$이 식(11-43)의 관계에 있을 때, $P_l$이 최소치로 되기 때문에, 식(11-43)을 식(11-22)와 (11-23)에 대입하고 $P_0$, $Q_0$를 구한다. 구해진 $P_0$, $Q_0$를 식(11-38)에 대입하면, 용량제약조건 $P_{G1}^2 + Q_{G1}^2 \leq \alpha^2$이 주어질 때의 손실최소치 $P_{l,min}$은

$$P_{l,min} = P_0 - P_{L1}\frac{+\alpha P_0}{\sqrt{P_0^2 + Q_0^2}} \tag{11-44}$$

로 된다. 한편, $P_{G1}^2 + Q_{G1}^2 \leq a$ 과 $Q_{G1} \leq \beta < a$ 의 조건이 동시에 주어진 경우, $\beta$ 가 식

(11-43)의 $\dfrac{a\,Q_0}{\sqrt{P_0^2 + Q_0^2}}$ 보다 작거나 같은 경우에는 $Q_{G1} = \beta$, $P_{G1} = \sqrt{a^2 - \beta^2}$ 에서 최소

가 되고, $\beta$ 가 식(11-43)의 $Q_{G1} = \dfrac{a\,Q_0}{\sqrt{P_0^2 + Q_0^2}}$ 보다 큰 경우에는 식(11-43)과 동일한 조건

이 되는 $P_{G1}$, $Q_{G1}$ 에서 최소가 된다.

## 03. Matlab을 이용한 시뮬레이션 결과

　　본 절에서는 Matlab을 이용하여 분산전원의 출력과 선로손실과의 관계를 시뮬레이션을 통하여 알아보자.

　　시스템 모델을 다음과 같이 구성하였다.

- 기준전압 : 22,900V
- 기준용량 : 100MVA
- 기준임피던스 : 5.2441$\Omega$
- 선로임피던스 : 0.182 + j0.391$\Omega$/Km
- 부하용량 : 0.08 + j0.04p.u.
- node 수 : 10개
- 각 node간의 거리 : 2Km

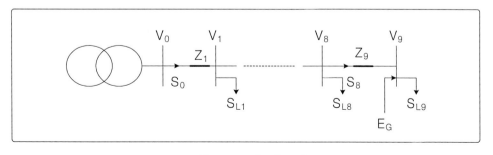

그림 11.6  시스템 모델

분산전원과 선로손실과의 관계를 시뮬레이션하기 위한 Flow chart는 그림 11.7과 같다.
프로그램 수행결과 그림 11.8과 같은 손실곡선과 표 11.1과 같은 손실치를 얻을 수
있었다. 분산전원의 출력을 조정함으로써 선로손실은 최대 0.01717187662237p.u.에서
최소 0.00342771633404p.u.까지 감소함을 시뮬레이션을 통해 확인할 수 있었다.

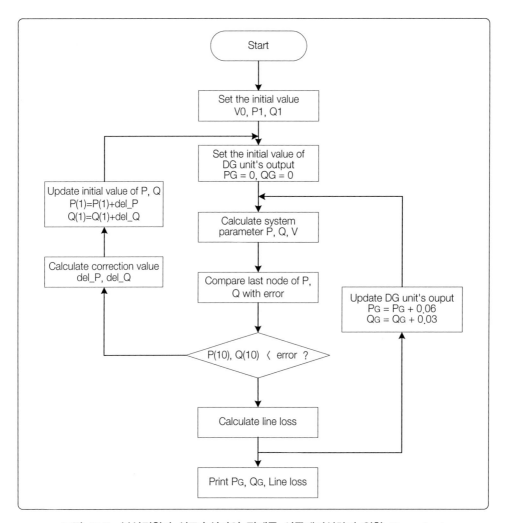

그림 11.7 분산전원과 선로손실과의 관계를 시뮬레이션하기 위한 Flow chart

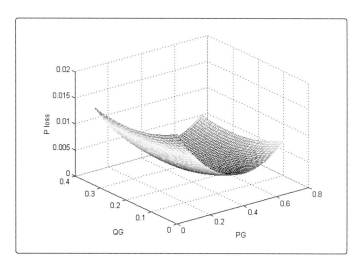

그림 11.8  분산전원 출력변화에 따른 배전선로 손실 변화곡선

표 11.1  분산전원의 출력변화에 따른 선로 손실

| PG | QG | P_loss | PG | QG | P_loss | PG | QG | P_loss |
|----|----|--------|----|----|--------|----|----|--------|
| 0.00 | 0.00 | 0.01717187662237 | 0.24 | 0.00 | 0.00789542108494 | 0.48 | 0.00 | 0.00663505258228 |
| 0.00 | 0.03 | 0.01634336551210 | 0.24 | 0.03 | 0.00712261916827 | 0.48 | 0.03 | 0.00585934808405 |
| 0.00 | 0.06 | 0.01564903592588 | 0.24 | 0.06 | 0.00647940234020 | 0.48 | 0.06 | 0.00521041888880 |
| 0.00 | 0.09 | 0.01508591846056 | 0.24 | 0.09 | 0.00596302391417 | 0.48 | 0.09 | 0.00468565548018 |
| 0.00 | 0.12 | 0.01465116973186 | 0.24 | 0.12 | 0.00557085525473 | 0.48 | 0.12 | 0.00428255724526 |
| 0.00 | 0.15 | 0.01434207762635 | 0.24 | 0.15 | 0.00530037637900 | 0.48 | 0.15 | 0.00399872580276 |
| 0.00 | 0.18 | 0.01415604298505 | 0.24 | 0.18 | 0.00514917342243 | 0.48 | 0.18 | 0.00383185933237 |
| 0.00 | 0.21 | 0.01409057579939 | 0.24 | 0.21 | 0.00511492922059 | 0.48 | 0.21 | 0.00377974677319 |
| 0.00 | 0.24 | 0.01414328916879 | 0.24 | 0.24 | 0.00519541807728 | 0.48 | 0.24 | 0.00384026272433 |
| 0.00 | 0.27 | 0.01431189096100 | 0.24 | 0.27 | 0.00538850199786 | 0.48 | 0.27 | 0.00401136423699 |
| 0.00 | 0.30 | 0.01459418241408 | 0.24 | 0.30 | 0.00569212487370 | 0.48 | 0.30 | 0.00429107800684 |
| 0.00 | 0.33 | 0.01498804968618 | 0.24 | 0.33 | 0.00610430814197 | 0.48 | 0.33 | 0.00467751611318 |
| 0.06 | 0.00 | 0.01406326069265 | 0.30 | 0.00 | 0.00685402287636 | 0.54 | 0.00 | 0.00750192084346 |
| 0.06 | 0.03 | 0.01325485764564 | 0.30 | 0.03 | 0.00608555324142 | 0.54 | 0.03 | 0.00671751340142 |
| 0.06 | 0.06 | 0.01257929155861 | 0.30 | 0.06 | 0.00544581710999 | 0.54 | 0.06 | 0.00605940863381 |

| 0.06 | 0.09 | 0.01203365304763 | 0.30 | 0.09 | 0.00493210973459 | 0.54 | 0.09 | 0.00552502083177 |
|------|------|-------------------|------|------|-------------------|------|------|-------------------|
| 0.06 | 0.12 | 0.01161516799421 | 0.30 | 0.12 | 0.00454183934773 | 0.54 | 0.12 | 0.00511187133102 |
| 0.06 | 0.15 | 0.01132117889247 | 0.30 | 0.15 | 0.00427252467338 | 0.54 | 0.15 | 0.00481758282583 |
| 0.06 | 0.18 | 0.01114914077966 | 0.30 | 0.18 | 0.00412178489058 | 0.54 | 0.18 | 0.00463987282220 |
| 0.06 | 0.21 | 0.01109661490373 | 0.30 | 0.21 | 0.00408733411909 | 0.54 | 0.21 | 0.00457654852222 |
| 0.06 | 0.24 | 0.01116126029682 | 0.30 | 0.24 | 0.00416697781065 | 0.54 | 0.24 | 0.00462550145610 |
| 0.06 | 0.27 | 0.01134083191274 | 0.30 | 0.27 | 0.00435860550858 | 0.54 | 0.27 | 0.00478470333937 |
| 0.06 | 0.30 | 0.01163317213017 | 0.30 | 0.30 | 0.00466018832753 | 0.54 | 0.30 | 0.00505220310248 |
| 0.06 | 0.33 | 0.01203620597400 | 0.30 | 0.33 | 0.00506977182267 | 0.54 | 0.33 | 0.00542611797701 |
| 0.12 | 0.00 | 0.01148903369337 | 0.36 | 0.00 | 0.00630284149439 | 0.60 | 0.00 | 0.00882586839573 |
| 0.12 | 0.03 | 0.01069646685214 | 0.36 | 0.03 | 0.00553523432133 | 0.60 | 0.03 | 0.00802980294602 |
| 0.12 | 0.06 | 0.01003552442658 | 0.36 | 0.06 | 0.00489561304992 | 0.60 | 0.06 | 0.00735965044264 |
| 0.12 | 0.09 | 0.00950336360740 | 0.36 | 0.09 | 0.00438130727420 | 0.60 | 0.09 | 0.00681284467330 |
| 0.12 | 0.12 | 0.00909726225166 | 0.36 | 0.12 | 0.00398976203590 | 0.60 | 0.12 | 0.00638692614084 |
| 0.12 | 0.15 | 0.00881461456778 | 0.36 | 0.15 | 0.00371852696825 | 0.60 | 0.15 | 0.00607953500402 |
| 0.12 | 0.18 | 0.00865292447690 | 0.36 | 0.18 | 0.00356525041345 | 0.60 | 0.18 | 0.00588840487911 |
| 0.12 | 0.21 | 0.00860979698410 | 0.36 | 0.21 | 0.00352767596165 | 0.60 | 0.21 | 0.00581135837340 |
| 0.12 | 0.24 | 0.00868293597140 | 0.36 | 0.24 | 0.00360363458665 | 0.60 | 0.24 | 0.00584630132343 |
| 0.12 | 0.27 | 0.00887013553101 | 0.36 | 0.27 | 0.00379104176616 | 0.60 | 0.27 | 0.00599122050258 |
| 0.12 | 0.30 | 0.00916927510275 | 0.36 | 0.30 | 0.00408789072839 | 0.60 | 0.30 | 0.00624417483927 |
| 0.12 | 0.33 | 0.00957831638051 | 0.36 | 0.33 | 0.00449224987623 | 0.60 | 0.33 | 0.00660329599786 |
| 0.18 | 0.00 | 0.00943689270207 | 0.42 | 0.00 | 0.00623270110508 | 0.66 | 0.00 | 0.01059995107430 |
| 0.18 | 0.03 | 0.00865612008245 | 0.42 | 0.03 | 0.00546263818111 | 0.66 | 0.03 | 0.00978936933036 |
| 0.18 | 0.06 | 0.00800589462044 | 0.42 | 0.06 | 0.00481990834369 | 0.66 | 0.06 | 0.00910438907480 |
| 0.18 | 0.09 | 0.00748342282185 | 0.42 | 0.09 | 0.00430187617267 | 0.66 | 0.09 | 0.00854246168579 |
| 0.18 | 0.12 | 0.00708603180372 | 0.42 | 0.12 | 0.00390601507795 | 0.66 | 0.12 | 0.00810114231800 |
| 0.18 | 0.15 | 0.00681116232961 | 0.42 | 0.15 | 0.00362990251392 | 0.66 | 0.15 | 0.00777808574343 |
| 0.18 | 0.18 | 0.00665635985991 | 0.42 | 0.18 | 0.00347121376152 | 0.66 | 0.18 | 0.00757103886437 |
| 0.18 | 0.21 | 0.00661927211843 | 0.42 | 0.21 | 0.00342771633404 | 0.66 | 0.21 | 0.00747783671268 |
| 0.18 | 0.24 | 0.00669764012329 | 0.42 | 0.24 | 0.00349726506898 | 0.66 | 0.24 | 0.00749639827793 |
| 0.18 | 0.27 | 0.00688929317072 | 0.42 | 0.27 | 0.00367779637779 | 0.66 | 0.27 | 0.00762471936197 |
| 0.18 | 0.30 | 0.00719214544011 | 0.42 | 0.30 | 0.00396732448764 | 0.66 | 0.30 | 0.00786087104626 |
| 0.18 | 0.33 | 0.00760418952047 | 0.42 | 0.33 | 0.00436393657984 | 0.66 | 0.33 | 0.00820299453336 |

# Chapter 12

# 분산전원의 연계가능용량 산출방법

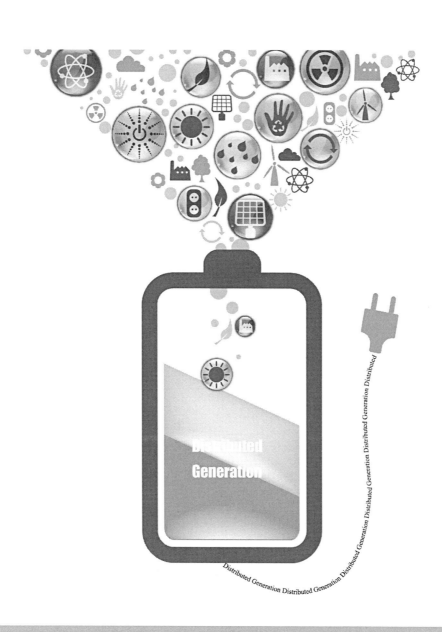

## 01. 조류계산에 의한 분산전원 연계가능용량 산정방법[29][43]

분산전원이 기존배전계통에 연계될 경우, 적정전압 유지를 위한 분산전원의 연계가능
용량을 산정하기 위해서는 조류계산을 이용하여 산출할 수 있다. 조류계산을 이용한 방
법은 분산전원의 연계위치, 연계용량, 운전역률 및 부하조건에 따른 각각의 케이스별로
조류계산을 반복 수행하여 적정전압 유지범위를 만족하는지 여부를 확인하는 방법이다.
조류계산을 이용한 분산전원 연계가능용량 산출방법은 아래와 같다.

- 1단계 : LDC 알고리즘을 이용하여 선정된 배전계통의 조류계산을 수행한다.
- 2단계 : 분산전원의 유효전력량 및 무효전력량의 범위를 설정한다.
  - $P_{Gi,j} = 0\ MW \sim 10\ MW$
  - $Q_{Gi,j} = -10\ MVAR \sim 10\ MVAR$
- 3단계 : 분산전원 무효전력량을 최소값(-10MVAR)로 설정한다.
- 4단계 : 분산전원 유효전력량을 최소값(0MW)로 설정한다.
- 5단계 : LDC 알고리즘을 이용한 조류계산을 수행한다.
- 6단계 : 적정전압유지범위를 모두 만족하는지 확인한다.
- 7단계 : 모든 노드의 전압이 적정전압유지범위를 만족하고, $P_G$가 10MW이하이면
  $P_G$를 증가시킨 후 5단계로 간다. 그렇지 않으면 $P_G$, $Q_G$ 를 기록하고
  $Q_G$를 증가시킨 후 4단계로 간다.
- 8단계 : $Q_G$가 10MVAR 이하이면 4단계로 가고, 이상이면 중지한다.
- 9단계 : 산출된 분산전원의 유효전력량 중 최대값을 산출한다.

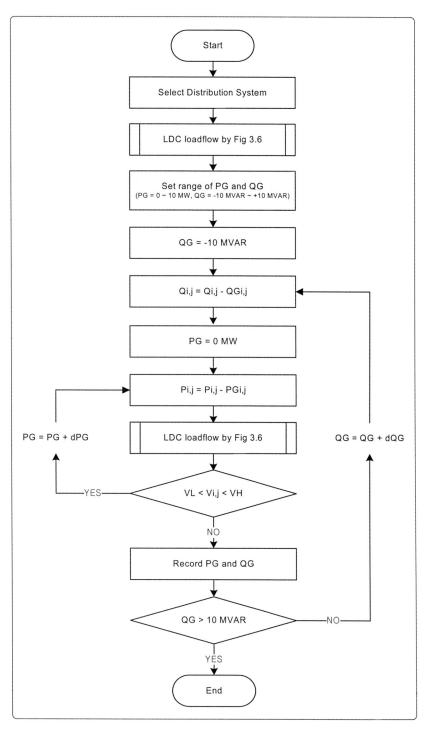

그림 12.1 조류계산을 이용한 적정전압 유지를 위한 분산전원의 연계가능용량 산정방법

그림 12.1은 조류계산을 이용한 적정전압 유지를 위한 분산전원의 연계가능용량 산정 방법의 순서도를 나타낸다. 그림에서와 같이 조류계산을 이용한 분산전원 연계가능용량을 산정하는 방법은 분산전원의 유효전력량 및 무효전력량 변동범위를 설정하고, 각각의 무효전력량에 대하여 유효전력량의 변동범위 내에서 출력을 변화시키면서 모든 노드의 전압이 적정전압유지범위를 만족하는지 여부를 확인하는 것이다. 이것은 조류계산 알고리즘의 종류, 대상 배전계통, 분산전원의 연계위치, 용량, 부하 조건, PC 사양 및 프로그래머에 따라 분산전원의 연계용량 산출 시 조류계산을 수행하는 시간만 수 시간에서 수십 시간이 소요된다. 이것은 단순히 조류계산을 수행하는 시간만을 고려한 것으로 현장조사 및 조류계산 프로그래밍을 포함할 경우 조류계산을 이용한 분산전원의 연계가능용량 산정 시간은 수십 시간에서 수백 시간이 소요된다.

따라서 본 장에서는 이러한 불편함을 해소하고자 분산전원과 기존배전계통 전압조정 사이의 상관관계를 이용하여 관련 조건식을 찾고, 이 조건식을 이용하여 수식에 의해 분산전원 연계용량을 산출할 수 있는 방법을 소개한다.

## 02. 분산전원 연계가능용량 산정을 위한 제약조건

분산전원이 연계된 배전계통의 전압변동 원인은, 주변압기 탭의 동작, 주변압기 임피던스에 의한 전압변동, 선로임피던스에 의한 전압변동이라는 분석결과에 근거하여, LDC 전압조정을 하는 배전계통에 대하여 분산전원의 연계 시 연계배전계통의 적정전압 조정에 영향을 미치지 않기 위해서 중부하시에 만족해야할 조건은 다음과 같다.

### ○ 조건 1 : 변전소 주변압기의 탭이 동작하지 않을 것.

경부하의 경우는 분산전원이 연계되어 주변압기의 탭이 동작하더라도 주변압기 이하의 선로의 전압프로화일이 전압적정유지범위의 상한치 및 하한치까지는 그 여유가 충분히 있지만, 중부하(피크부하)의 경우는 그 상한 및 하한여유가 별로 없어(일반적으로 1%이하, 탭 간격은 일반적으로 1 ~ 1.5% 정도임) 탭이 동작하게 되면 전압적정유지범위를 벗어나게 될 가능성이 높다. 따라서 최악의 경우를 고려한다면 중부하시기를 기준으로 하여 주변압기의 탭이 동작하지 않는 것으로 하는 것이 타당하다.

◎ 조건 2 : 분산전원이 연계되지 않는 동일뱅크 내 타 선로의 전압이 전압허용범위를 만족할 것

주변압기의 탭이 동작하지 않더라도 분산전원의 출력(유효 및 무효전력) 및 운전역률로 인하여 주변압기의 임피던스에 의한 전압변동이 발생하고, 주변압기 임피던스에 의한 전압변동은 모든 선로의 전압에 영향을 미치게 된다. 따라서 분산전원이 연계되지 않는 동일뱅크 내 타 선로의 모든 선로의 전압이 전압허용범위를 만족하여야만 한다.

◎ 조건 3: 분산전원이 연계되는 선로에서의 전압이 전압허용범위를 만족할 것

분산전원이 연계되는 지점에서는 분산전원의 연계가 하나의 새로운 전력공급원이 연계되는 것으로 이 지점의 전압은 분산전원의 운전역률에 따라 크게 상승 또는 하강할 수 있다. 따라서 분산전원이 연계되는 선로에 대해서는 선로에서의 전압 변동량 및 분산전원이 연계된 지점에서의 전압 변동량이 같이 고려되어야만 한다. 즉, 분산전원이 연계된 피더의 모든 선로전압이 전압허용범위를 만족하여야만 한다.

◎ 조건 4 : 연계되는 분산전원의 출력량이 선로설비용량을 초과하지 말 것

한 피더의 임의의 여러 지점 또는 어느 한 지점에 분산전원이 연계될 때 한 피더에 연계되는 분산전원의 전체 출력량의 합은 계통의 설비특성상 설정되어 있는 설비용량을 초과하여 연계될 수 없다. 따라서 하나의 피더에 연계되는 각각의 분산전원 출력량의 합은 선로설비용량을 초과할 수 없다.

◎ 조건 5 : 연계되는 분산전원의 유효전력 출력량이 항상 "0" 이상이다.

분산전원의 운전은 유효전력량을 발생시키는 것이 목적이므로 분산전원의 유효전력량은 항상 "0"보다 커야 한다.

## 01. 제약조건 1

분산전원의 운전가능범위와 주변압기 탭 동작과의 관계조건을 도출하기 위하여 그림 9.1의 배전계통을 등가화한 그림 12.2의 등가모델을 생각하자.

- $P_{0,j}$ , $Q_{0,j}$ : 변전소에서 j번째 피더로 송출되는 유효, 무효전력
- $P_{Gi,j}$ , $Q_{Gi,j}$ : i번째 피더의 j번째 노드에 연계되는 분산전원의 출력
- $P_{00} = \sum P_{0j}$ , $Q_{00} = \sum Q_{0j}$
- $P_{GT} = \sum P_{Gi,j}$ , $Q_{GT} = \sum Q_{Gi,j}$
- $V$: $P_{00} + jQ_{00}$ 에 대한 변전소 2차측 모선에서의 전압 크기

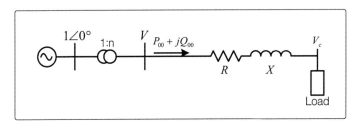

그림 12.2   그림 9.1의 배전계통에 대한 등가모델

LDC의 전압조정 방식은 주변압기 이하에 연결되어 있는 다수의 부하를 하나의 가상 부하중심점에 집중적으로 연결되어 있는 것으로 가정하여, 정상상태 운전 조건하에서 모든 수용가의 전압이 전압허용 범위 내에 존재하도록 주변압기 2차측으로부터 가상부하중심점까지의 등가임피던스 및 가상부하중심점의 전압을 산출하고, 이것을 LDC의 설정계수로 한다. 그림 9.1에서 주변압기에서 피더로 송출되는 유효 및 무효전력을 $P_{00}$ 및 $Q_{00}$라 하고, 부하중심점의 전압을 $V_c$라 하면, 그림 9.1의 배전계통은 그림 12.2와 같이 LDC 전압조정을 위한 등가축약모델로 바꿀 수 있다.

그림에서 R과 X는 주변압기 2차측에서부터 가상부하중심점까지의 등가임피던스를 의미하며, 이것을 LDC의 정정계수로 사용된다. 즉, LDC 전압조정방식은 부하의 변동에 따라 가변하는 부하중심점에서의 전압값 $V_c$를 LDC의 가상부하중심점 값인 $V_0$에 맞추어지도록 탭 조정을 수행한다. 이것은 다음과 같은 식으로 나타낼 수 있다.

$$-0.01 \leq V_c - V_0 \leq +0.01 \tag{12-1}$$

식(12-1)에서 $V_c$는 가상부하중심점의 전압으로써, 이것은 주변압기 2차측의 전압에서 가상부하중심점까지의 전압강하를 뺀 것과 같다. 따라서 분산전원이 연계되기 전의 LDC의 운전특성으로부터 아래의 부등식이 만족되어야만 한다[1][29].

$$V_0 - 0.01 \leq \sqrt{V^2 - 2(RP_{00} + XQ_{00}) + (R^2 + X^2)(P_{00}^2 + Q_{00}^2)/V^2} \leq V_0 + 0.01 \tag{12-2}$$

식(12-2)를 단위법으로 표현하면, V는 1.0에 가깝고, $|-2(RP_{00} + XQ_{00}|$ 는 $R^2 + X^2(P_{00}^2 + Q_{00}^2)/V^2$ 에 비해 매우 크므로 식(12-2)는 식(12-3)과 같이 간략화 될 수 있다.

$$V_0 - 0.01 \leq \sqrt{V^2 - 2(RP_{00} + XQ_{00})} \leq V_0 + 0.01 \tag{12-3}$$

한편, 분산전원이 주변압기이하의 배전선로에 분산적으로 다수 연계된 경우, 분산전원의 연계에 따른 선로손실변화량은 무시할 수 있을 정도로 매우 작기 때문에, 이를 무시하면, 주변압기 2차측에서의 송출되는 유효 및 무효전력은 각각 $P_{00} - P_{GT}$ 및 $Q_{00} - Q_{GT}$ 로 표현이 가능하다. 이 경우, 분산전원의 연계로 인한 주변압기에서의 전압변화량을 $\Delta V_{MTR}$ 이라 한다면, LDC에 의한 주변압기 탭이 동작하지 않기 위해서는 상기 식(12-3)에 근거하여 아래의 부등식이 만족되어야만 한다.

$$V_0 - 0.01 \leq \sqrt{(V^2 + \Delta V_{MTR}^2) - 2(R(P_{00} - P_{GT}) + X(Q_{00} - Q_{GT}))} \leq V_0 + 0.01 \tag{12-4}$$

식(12-4)에서 주변압기에서의 전압변화량 $\Delta V_{MTR}^2$은 주변압기 등가모델로부터 식

(12-5)와 같이 구할 수 있다.

$$\Delta V_{MTR}^2 = \frac{2P_{00}P_{GT} + 2\left(Q_{00} + \dfrac{V^2}{X_T}\right)Q_{GT}}{2\left(Q_{00} + \dfrac{V^2}{X_T}\right)\dfrac{1}{X_T} - \left(\dfrac{n}{X_T}\right)^2} \tag{12-5}$$

## 02. 제약조건 2

분산전원이 기존의 배전계통에 연계되면 분산전원의 출력에 의해 주변압기 임피던스에 의한 전압변화(강하 또는 상승)와 선로임피던스에 의한 전압변화가 발생하게 된다. 따라서 분산전원이 연계되지 않는 선로에 대한 전압변동과 분산전원이 연계되는 선로에 대한 전압변동을 고려할 필요가 있다.

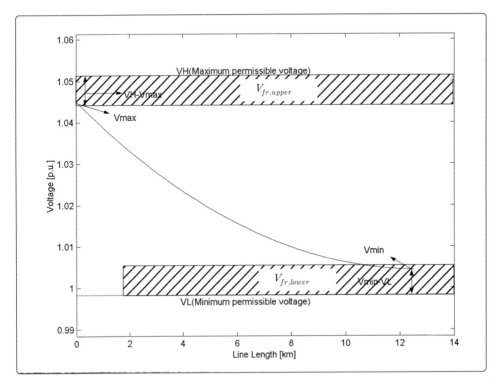

그림 12.3 분산전원 연계로 인한 배전선로의 전압허용범위

먼저, 주변압기 임피던스에 의한 전압변화는 주변압기 이하에 연결되어 있는 모든 선로의 전압프로파일을 주변압기 2차측에서의 전압변화량과 거의 같은 크기로 선형적으로 강하 혹은 상승을 하게 되므로, 주변압기 이하의 분산전원이 연계되지 않은 배전선로들 중에서 전압강하가 제일 심한 선로를 선택하여 분산전원의 출력량과 전압허용범위와의 관계조건을 도출해야 할 필요가 있다.

기존의 배전계통에 분산전원이 연계 될 때 주변압기 임피던스에 의한 전압변화량을 고려하기 위해서 그림 12.3에서와 같이 분산전원이 연계되지 않는 배전선로 중 전압강하가 제일 심한 선로의 전압프로화일과 적정전압유지 상한치 및 하한치와의 차 즉, 상한여유 $V_{fr,upper} = VH^2 - V_{\max}^2$ 및 하한여유 $V_{fr,lower} = V_{\min}^2 - VL^2$ 를 산출하였으며, 주변압기 임피던스에 의한 전압변동량은 이들 상하한 마진보다 작아야만 한다. 그림 12.3에서 VH는 중부하시 적정전압유지범위의 최대허용전압을 나타내며 VL은 중부하시 적정전압유지범위의 최저허용전압을 의미한다. $V_{\max}$ 는 중부하시 선로에서의 최대전압을 $V_{\min}$ 은 중부하시 분산전원이 연계되지 않는 배전선로에서의 최저전압을 나타낸다. 이 관계를 식으로 표현하면 다음과 같다.

$$\Delta V_{MTR}^2 > 0 \text{일 때, } \Delta V_{MTR}^2 < V_{fr,upper} \tag{12-6}$$

$$\Delta V_{MTR}^2 < 0 \text{일 때, } \Delta V_{MTR}^2 > V_{fr,lower} \tag{12-7}$$

여기서,

$\Delta V_{MTR}^2$ : 주변압기 임피던스에 의한 전압변화(전압강하 또는 전압상승)

$V_{fr,upper}$ : 적정전압 유지 상한 여유

$V_{fr,lower}$ : 적정전압 유지 하한 여유

## 03. 제약조건 3

분산전원이 연계되는 선로에 대해서는 선로에서의 전압변동량 및 분산전원이 연계된 지점에서의 전압변동량이 고려되어야만 한다. 주변압기 임피던스에 의한 전압변화량

($\Delta V_{MTR}^2$)과 주변압기 2차측 직하부터 분산전원 연계점까지의 선로임피던스에 의한 전압변화량($\Delta V_G^2$)을 고려해야하므로, 분산전원이 연계되기 전 선로에서의 말단전압을 $V_{end}$ 라 하면, 분산전원이 연계된 후의 선로말단전압은 주상변압기의 전압강하, 저압배전선의 전압강하를 고려한 다음 식을 만족해야 한다.

$$VL \leq \sqrt{V_{end}^2 + \Delta V_{MTR}^2 + \Delta V_G^2} \leq VH \tag{12-8}$$

여기서, 주변압기2차측 직하부터 분산전원 연계점까지의 선로임피던스에 의한 전압변화량($\Delta V_G^2$)은 분산전원이 선로말단에 연계되는 경우가 제일 크므로, 분산전원이 선로말단에 연계되는 것으로 하는 것이 타당하다. 따라서 선로말단에 연계되는 분산전원의 출력용량을 $S_G = P_G + jQ_G$라 하면, 중부하시 선로말단의 전압변화계수(일정)를 이용하여 선로말단에서의 선로임피던스에 의한 전압변화량은 다음과 같이 근사적으로 구할 수 있다.

$$\Delta V_G^2 = \frac{\partial V_{end}^2}{\partial P_G} P_G + \frac{\partial V_{end}^2}{\partial Q_G} Q_G \tag{12-9}$$

여기서, $\partial V_{end}^2 / \partial P_G > 0, \partial V_{end}^2 / \partial Q_G > 0$ 이다. 왜냐하면, 분산전원이 연계된다는 것은 부하가 감소하는 것을 의미하기 때문이다.

한편, 식(12-8)을 분산전원의 운전역률이 지상 및 진상인 경우로 나누어 분석해 보기로 하자.

먼저, 지상의 경우($\Delta V_{MTR}^2$에 관한 식 4.5의 $P_{GT} \geq 0$, $Q_{GT} \geq 0$ 및 $\triangle V_G^2$에 관한 식 (12-9)의 $P_G \geq 0$, $Q_G \geq 0$), $\Delta V_{MTR}^2 \geq 0$, $\triangle V_G^2 \geq 0$이고, 본래의 대상선로가 $VL^2 \leq V_{end}^2$ 이므로 $VL^2 \leq V_{end}^2 + \Delta V_{MTR}^2 + \triangle V_G^2$은 항상 성립한다. 또한, 선로말단에 분산전원이 연계되더라도 $V_{end}^2 + \triangle V_G^2 \langle V_{max}^2$이 만족되고 식(12-6)인 $\Delta V_{MTR}^2 \leq V_{fr,upper}$ 이 만족되면 $V_{end}^2 + \Delta V_{MTR}^2 + \triangle V_G^2 \leq VH^2$은 항상 성립한다.

$$\Delta V_G^2 \leq V_{\max}^2 - V_{end}^2 \tag{12-10}$$

다음, 진상의 경우($\Delta V_{MTR}^2$에 관한 식(12-5)의 $P_{GT}\rangle 0$, $Q_{GT}\langle 0$ 및 $\triangle V_G^2$에 관한 식 (12-9)의 $P_G\rangle 0$, $Q_G\langle 0$)를 살펴보면, $\Delta V_{MTR}^2$ 및 $\triangle V_G{}^2$은 지상의 경우에 비하여 작고, 더욱 진상으로 갈수록 "0"보다 작게 되므로 $V_{end}{}^2 + \Delta V_{MTR}^2 + \triangle V_G{}^2 \leq VH^2$은 항상 성립한다. 그리고, $VL^2 \leq V_{end}{}^2 + \Delta V_{MTR}^2 + \triangle V_G{}^2$은 $0 \leq V_{end}{}^2 - VL^2 + \triangle V_G{}^2 + \Delta V_{MTR}^2$로 변형시킬 수 있다. 이것으로부터 식(12-11)을 유도할 수 있다.

$$VL^2 - V_{end}^2 - \Delta V_{MTR}^2 \leq \Delta V_G^2 \tag{12-11}$$

즉, 지상에 대해서는 식(12-10)을 만족하여야 하고, 진상에 대해서는 식(12-11)을 만족 하여야 한다.

## 04. 제약조건 4

위에서 언급한 모든 제약조건은 주변압기에서 인출되는 선로들 중 한 선로에 대해 적용되는 것이다. 실 배전계통에서는 계통의 안정적인 운영을 위해 설정된 설비용량 이내로 부하의 설비를 제한하고 있다. 따라서 하나의 피더 즉 i번째 피더에 연계되는 분산전원의 총운전용량($S_{GT,i}$)은 각 배전선로에 설정되어있는 최대설비용량($S_E$)보다 작아야 한다.

$$S_{GT,i} \leq S_E \tag{12-12}$$

여기서,

　　$S_{GT,i}$ : i번째 피더에 연계되는 분산전원의 총운전용량

　　$S_E$　 : 피더의 선로설비용량

## 05. 제약조건 5

분산전원을 설치예정자의 입장에서 분산전원을 설치한다는 것은 계통의 공급전원이 아닌 새로운 전원을 신설하여 자사 설비에 사용하는 것이 목적이므로 분산전원을 설치한다는 것은 곧, 유효전력을 발생시키는 것과 같다고 할 수 있다. 따라서 배전계통에 연계되는 분산전원의 유효전력 출력량은 항상 "0"보다 커야 한다.

$$P_{Gi,j} > 0 \qquad\qquad\qquad (12\text{-}13)$$

여기서, $P_{Gi,j}$ : i번째 피더의 j번째 노드에 연계되는 분산전원의 유효전력량

분산전원이 기존 LDC 전압조정체계하의 배전계통에 연계 시 적정용량 산정을 위한 조건식을 요약하면 표 12.1과 같다.

표 12.1 기존 LDC 전압조정체계하의 배전계통에 분산전원연계시 연계가능용량산정을 위한 조건식

| | 분산전원 연계적정용량 산정 조건 및 관련 식 |
|---|---|
| 조건 1 | 변전소 주변압기 탭이 동작하지 않아야 한다. |
| | $V_0 - 0.01 \leq \sqrt{(V^2 + \Delta V_{MTR}^2) - 2(R(P_{00} - P_{GT}) + X(Q_{00} - Q_{GT}))} \leq V_0 + 0.01$ |
| 조건 2 | 주변압기 임피던스에 의한 전압변동량이 전압상한 여유보다 작아야 한다. |
| | $-V_{fr,lower} < \Delta V_{MTR}^2 < V_{fr,upper}$ |
| 조건 3 | DG가 지상 운전 시 연계지점의 전압상승폭이 상한여유보다 작아야하며, 진상 운전 시에는 전압강하폭이 하한여유보다 작아야 한다. |
| | $VL^2 - V_{end}^2 - \Delta V_{MTR}^2 \leq \Delta V_G^2 \leq V_{max}^2 - V_{end}^2$ |
| 조건 4 | i번째 피더에 연계되는 분산전원 전체용량은 배전선로 최대용량(10MVA)을 초과해서는 안 된다. |
| | $S_{GT,i} \leq S_E$ |
| 조건 5 | 분산전원의 유효전력 출력량은 항상 "0"보다 커야 한다. |
| | $P_{Gi,j} > 0$ |

## **03.** 분산전원 연계가능용량 산정 알고리즘

위에서 기존의 LDC로 전압조정이 되고 있는 배전계통에 분산전원이 연계될 경우, 그 적정전압이 유지될 수 있는 분산전원의 출력량에 대한 관계조건들을 도출한 결과에 근거하여, 분산전원의 운전가능범위는 네 가지 조건을 모두 만족하여야만 한다는 것을 알 수 있다. 즉, 분산전원의 유효전력과 무효전력을 변수로 하여 그 연계가능용량을 구할 경우, 식(12-4)∩식(12-6)∩식(12-7)∩식(12-10)∩식(12-11)∩식(12-12)∩식((12-13)을 만족하는 $P_{GT}$ 및 $Q_{GT}$의 범위를 구하여 이들을 분산전원의 연계가능용량으로 하면 된다.

분산전원의 연계가능용량을 산출하기 위하여 먼저, 분산전원 연계배전계통의 주변압기 이하에 대한 필요 데이터는 표 12.2와 같다.

**표 12.2 분산전원의 연계가능용량을 산출하는데 필요한 데이터**

| Required Data | |
| --- | --- |
| 변전소 송출 유, 무효전력량 | $P_{00}, Q_{00}$ |
| 주변압기 2차측 전압 | $V$ |
| 주변압기 내부 임피던스 및 탭 값 | $X_T$, $N_{tap}$ |
| LDC 정정계수 및 Bandwidth | $R, X, V_0, db$ |
| 적정전압유지범위의 상한, 하한치 | $VH, VL$ |
| 중부하시 각 선로의 최대 및 최저전압 | $V_{max,i}, V_{min,i}$ |
| 분산전원 연계에 따른 전압 변동 폭 | $\Delta V_G^2$ |
| 선로 설비용량 | $S_E$ |

연계배전계통 주변압기 이하의 관련데이터를 파악한 후에 저자에 의해 제안된 수식적 방법을 이용한 분산전원 운전가능범위 산정 알고리즘은 다음과 같이 요약될 수 있으며, 이를 도식하면 그림 12.4와 같다.

- 단계 1 : 연계배전계통을 선정한다.
- 단계 2 : 필요 데이터를 수집한다.
- 단계 3 : 각각의 조건 1, 2, 3, 4 및 5에 대한 부등식을 계산한다.

● 단계 4 : 모든 부등식의 공통범위를 산출한다.
● 단계 5 : 공통범위 내의 $P_{G,\max}$ 값을 찾는다.

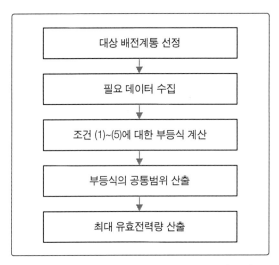

그림 12.4  분산전원 운전가능범위 산정 알고리즘

## 04. 사례 분석

분산전원의 연계가능용량을 산출할 경우 선로에서의 전압강하가 가장 심한선로에 분산전원이 연계되는 경우와 다른 선로에 분산전원이 연계될 경우로 분리해서 산출할 필요가 있다. 또한, 피더의 말단에서 전압변동이 가장 심하므로 말단에 연계되는 경우에 대하여 분산전원의 연계가능용량을 산출한다면 모든 위치에 대하여 분산전원의 연계가능용량을 만족시키게 된다. 본 절에서는 모델배전계통에 대하여 분산전원의 연계가능용량을 산출하고, 배전계통의 전압특성을 검토해 보기로 한다.

### 01. 모델 배전계통

사례연구를 위하여 선정된 모델 배전계통은 그림 9.1과 같다. 일반적으로 분산전원 운용자측은 분산전원의 유효전력 출력량에 관심이 있으므로 분산전원의 운전가능범위는 $P_G > 0$ 를 만족해야만 한다. 분산전원 연계가능용량을 산출하기 위한 모델배전계통의 초기조건으로서는 수용가 단자전압 유지의 허용범위 207V ~ 233V를 고려한 중부하시 고압배전선의 유지범위는 0.9984p.u. ~ 1.0513p.u., 주변압기의 내부 임피던스는 j0.333p.u.로 설정하였으며, LDC 내부의 정정계수는 R = 0.1636, X = 0.0829, $V_0$ = 0.9725로 산출되었다. 분산전원이 연계되지 않은 경우의 주변압기 2차측의 전압은 V = 1.0450, 각 피더의 선로말단 최저전압은 각각 $V_{end,1}$ = 1.0044, $V_{end,2}$ = 1.0319, $V_{end,3}$ = 1.0101, $V_{end,4}$ = 1.0006이다. 이 때 변전소에서의 송출 유효·무효전력량 $P_{00}$ + $jQ_{00}$ = 0.3649 + j0.1848이다. 중부하시 피더 1과 피더 4의 선로말단지점에서 분산전원의 유효 및 무효전력에 대한 전압변화량은 각각 $\partial V_{end,12} / \partial P_G$=0.9239, $\partial V_{end,12} / \partial Q_G$=1.8984와 $\partial V_{end,42} / \partial P_G$=0.9431, $\partial V_{end,42} / \partial Q_G$=1.9036이다. 이것을 요약하면 표 12.3과 같다.

**표 12.3 분산전원 연계가능용량을 산출하는데 필요한 데이터**

| Required Data | |
|---|---|
| 변전소 송출 유,무효전력량($P_{00}, Q_{00}$) | 36.5MW, 18.5MVAR |
| 주변압기 2차측 전압($V$) | 1.045p.u. |
| 주변압기 내부 임피던스 및 탭 값($X_T, N_{tap}$) | 0.333p.u., |
| LDC 정정계수($R, X$) | R = 0.1636, X = 0.0829 |
| LDC 정정계수($V_0$) | $V_0$ = 0.9725 |
| 적정전압유지범위의 상한, 하한치($VH, VL$) | 1.0513p.u., 0.9984p.u. |
| 중부하시 각 선로의 최대 및 최저전압($V_{max,i}, V_{min,i}$) | $V_{max}$ = 1.0450<br>$V_{end,1}$ = 1.0044<br>$V_{end,2}$ = 1.0319<br>$V_{end,3}$ = 1.0101<br>$V_{end,4}$ = 1.0006 |
| 분산전원 연계에 따른 전압변동비 | $\partial V_{end,12} / \partial P_G$ = 0.9239<br>$\partial V_{end,12} / \partial Q_G$ = 1.8984<br>$\partial V_{end,42} / \partial P_G$ = 0.9431<br>$\partial V_{end,42} / \partial Q_G$ = 1.9036 |
| 선로 설비용량($S_E$) | 10MVA |

## 02. 배전용변전소 주변압기 2차측 직하에 연계되는 경우

배전변전소내의 MTR Bank 주변압기 2차측 직하에 연계되는 분산전원의 연계가능용량을 산출하기 위하여, 위와 같은 초기조건을 식(12-4), 식(12-6), 식 (12-7), 식(12-10), 식(12-11) 및 식(12-12)에 대입하면 다음과 같은 관계식 (12-14) ~ (12-16)을 얻을 수 있다.

$$-0.039 - 2.188 \cdot Q_{GT} \leq P_{GT} \leq 0.058 - 2.188 \cdot Q_{GT} \tag{12-14}$$

$$-0.059 - 9.484 \cdot Q_{GT} \leq P_{GT} \leq 0.179 - 9.484 \cdot Q_{GT} \tag{12-15}$$

$$P_{GT} \leq \sqrt{0.1^2 - Q_{GT}^2} \tag{12-16}$$

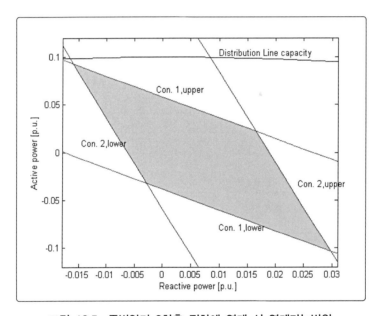

그림 12.5  주변압기 2차측 직하에 연계 시 연계가능범위

여기서, 용량제약식 $S_E$는 22.9kV 선로의 10MVA인 0.1p.u.로 고려하였다. 그림 12.5는 분산전원이 주변압기 2차측 직하에 연계되었을 경우에 대한 분산전원의 연계가능용량을 산출한 결과로서, 음영부분은 제안된 방법에 의해 구한 식(12-14) ~ 식(12-16) 및 $P_G \geq 0$(∵발전기)으로부터 얻어진 분산전원의 연계가능용량이다. 직선 con 1, upper와 con 1, lowr는 주변압기 뱅크 내의 주변압기 탭이 동작하지 않을 최대, 최소 조건을 나타내며, 직선 con 2, upper와 con 2, lower는 분산전원이 연계되지 않는 피더에 대한

주변압기 임피던스에 의한 전압변동량이 상하마진 허용범위를 벗어나지 않도록 하기 위한 최대, 최소 조건을 의미한다. 주변압기 2차측 직하에 분산전원이 연계되는 경우는 분산전원의 연계로 인한 선로에서의 전압변동량이 없으므로 위의 조건 2와 조건 3이 같게 되므로 3가지 조건을 이용하여 분산전원의 연계가능용량을 산출하였다.

## 03. 피더 말단에 연계되는 경우

피더의 말단에 분산전원을 연계할 경우는 선로에서의 전압강하가 가장 심한 선로와 그렇지 않은 선로로 구분하여야만 한다. 모델 배전계통에서 선로전압강하가 가장 심한 선로는 피더 4이다. 만약, 분산전원이 전압강하가 가장 심한 피더 4의 말단에 연계된다면 하한마진조건은 분산전원이 연계되지 않는 선로 중 전압강하가 가장 심한 선로인 피더 1의 말단이 적용된다. 또한 다른 선로에 분산전원이 연계된다면 하한마진조건은 선로전압강하가 가장 심한 선로인 피더 4의 말단이 적용된다. 이를 이용하여 피더 1의 말단 및 피더 4의 말단에 연계되는 분산전원의 연계가능용량을 산출하면 그림 12.6 및 그림 12.7과 같다.

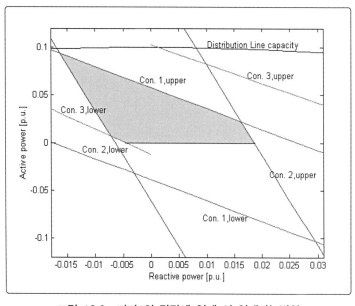

그림 12.6 피더1의 말단에 연계 시 연계가능범위

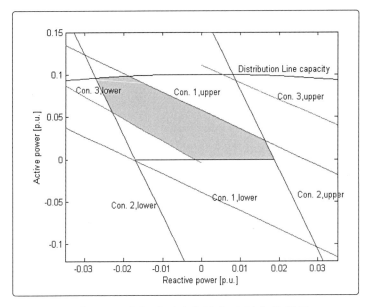

**그림 12.7 피더4의 말단에 연계 시 연계가능범위**

그림 12.6과 그림 12.7은 각각 모델배전계통의 피더 1과 피더 4의 말단노드에 분산전원이 연계되었을 경우 분산전원의 연계가능용량을 산출한 결과이다.

위의 결과에서 피더 1의 말단에 분산전원이 연계되는 경우는 조건 2의 하한마진조건이 피더 4의 말단에 의해 결정되며, 피더 4의 말단에 분산전원이 연계되는 경우는 조건 2의 하한마진조건이 피더 1의 말단에 의해 결정된다. 또한 조건 3의 지상 및 진상에 대한 제약조건은 선로에서의 주변압기 임피던스에 의한 전압변동뿐만 아니라 선로에서의 전압변동량을 고려한 제약조건을 각각 나타낸다.


## 04. 검증 및 고찰

제안된 수식적인 방법에 의한 모델배전계통의 분산전원 연계가능용량 산정 결과의 타당성을 검증하기 위하여 조류계산을 이용한 반복계산법에 의해 분산전원 연계가능용량을 산정하였다. 검증을 위한 대상 모델배전계통은 수직적인 제안의 의한 모델배전계통과 동일한 계통을 적용하였으며, LDC의 탭 동작조건, 모든 선로의 상하한 여유조건을 모두 고려하였다. 조류계산을 이용한 분산전원의 연계가능용량 산정방법은 부록 B에 자세히 설명하였다.

◎ 배전용변전소 주변압기 2차측 직하에 연계되는 경우

배전용변전소 주변압기 2차측 직하에 분산전원이 연계되는 경우 탭이 동작하지 않으며 모든 배전선로가 적정전압 유지범위 내에 있을 조건을 고려한 결과 그림 12.8과 같이 산정되었다. 제안된 수식적인 방법에 의한 분산전원 운전가능 범위는 최대 유효전력연계가능용량 및 역률은 진상 9.2MVA 분산전원이 진상역률 98.8%이다. 제안된 수식에 의한 연계가능용량 및 역률은 9MVA 분산전원이 진상역률 98.8%이다. 따라서 분산전원 연계가능용량의 오차는 190kW로 약 2%의 오차가 발생하였다. 역률 1.0으로 운전하는 경우에는 조류계산 결과는 5.8MW이며 제안된 수식에 의한 결과는 5.81MW로 약 100kW 1.7%의 오차가 발생하였다.

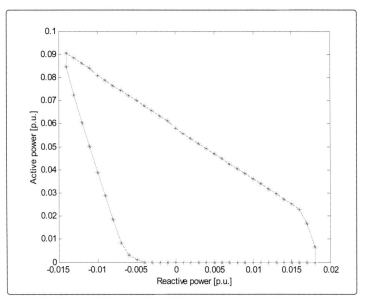

그림 12.8 조류계산의 반복계산법에 의해 산출된 연계가능용량
(배전용변전소 주변압기 2차측 직하에 연계되는 경우)

◎ 피더 말단에 연계되는 경우

그림 12.9는 피더 1의 말단에 연계되는 분산전원의 운전가능용량을, 그림 12.10은 피더 4의 말단에 연계되는 분산전원의 운전가능용량을 조류계산을 통하여 산정한 결과이다. 피더 1의 말단에 연계된 분산전원의 최대 연계가능용량은 9MW이며 이 때 무효전력량은 -1.4MVAR로 제안된 수식에 의한 결과는 8.6MW이며 오차는 380kW이다. 또한 역률 1.0으로 운전 시에는 5.3MW 와 5.77MW로 약 480kW의 오차가 발생하였다.

그림 12.10은 피더 4의 말단에 연계되는 경우 조류계산에 의한 결과를 나타낸다. 피더 4의 말단의 경우 조류계산에 의한 경우 최대 9.9MW 역률 1.0일 때 5.3MW이다. 제안된 수식에 의한 결과는 9.5MW와 5.77MW로 약 360kW와 580kW의 오차가 발생하였다.

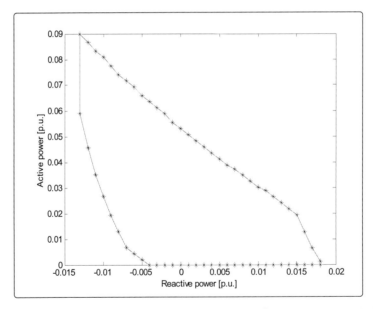

그림 12.9 조류계산의 반복계산법에 의해 산출된 연계가능용량(피더 1의 말단에 연계되는 경우)

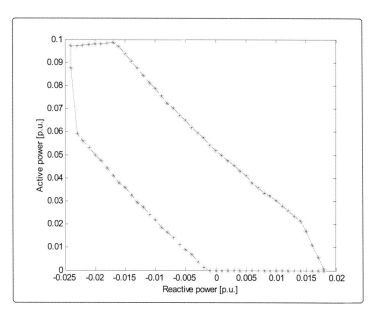

그림 12.10  조류계산의 반복계산법에 의해 산출된 연계가능용량(피더 4의 말단에 연계되는 경우)

상기의 결과를 요약하면 표 12.4와 같다.

표 12.4  조류계산의 반복계산법에 의해 산출된 연계가능용량

| 연계위치 | 조건 | Loadflow 결과 | 제안된 수식 | 오차 |
|---|---|---|---|---|
| 주변압기<br>직하 | 최대 유효전력 운전 시 | 9.1MW − j1.4MVAR | 8.9MW − j1.4MVAR | 0.19MW |
| | 역률 1.0 | 5.8MW | 5.81MW | 100kW |
| 피더 1의<br>말단 | 최대 유효전력 운전 시 | 9MW − j1.4MVAR | 8.6MW − j1.4MVAR | 380kW |
| | 역률 1.0 | 5.3MW | 5.77MW | 480kW |
| 피더 4의<br>말단 | 최대 유효전력 운전 시 | 9.9MW − j1.7MVAR | 9.5MW − j1.7MVAR | 360kW |
| | 역률 1.0 | 5.2MW | 5.77MW | 580kW |

표 12.4는 모델배전계통의 주변압기 직하, 피더 1의 말단 및 피더 4의 말단에 대한 분산전원 연계가능용량범위를 분산전원의 최대 유효전력 출력시와 역률 1.0으로 운전 가능한 최대 분산전원의 출력량을 정리하였다. 표 12.4에서 보는 것과 같이 변전소 주변 압기 직하에 분산전원이 연계될 경우 조류계산에 의한 분산전원의 최대 유효전력출력가

능용량 및 제안된 수식에 의해 산출된 분산전원 최대 유효전력출력가능용량은 9.06MW 와 8.87MW이며 이때 무효전력은 -1.4MVAR이다. 즉 최대 유효전력을 내고자 할 경우 분산전원은 조류계산의 경우 진상역률 0.988로 운전하는 9.17MVAR의 분산전원이 되며 제안된 수식에 의한 경우 진상역률 0.988로 운전하는 8.98MVA가 된다. 또한 역률 1.0으로 운전하고자 할 경우에 분산전원의 최대 연계가능용량은 조류계산과 제안된 수식에 의한 결과가 각각 5.8MW와 5.81MW로 나타났다. 이때 조류계산에 의한 분산전원 연계 가능용량과 제안된 수식에 의한 연계가능용량과의 오차는 약 0.2%~11.1%까지 발생을 했다. 주변압기 직하에 연계되는 경우에는 오차가 2% 이하로 매우 작았으며 선로 말단에 연계되는 분산전원의 경우 오차가 3.7%~11.1%로 크게 발생하는 것을 확인하였다. 오차의 원인은 조건 1의 변전소 주변압기 탭이 동작하지 않을 조건식(12-14)에서 식 (12-6)으로 간략화 하는 과정에서 발생한 $(R^2+X^2)(P_{00}^2+Q_{00}^2)/V^2$에 대한 오차와 분산전원이 주변압기 이하의 배전선로에 다수 연계된 경우, 분산전원의 연계에 따른 선로 손실변화량에 대한 오차로 추정된다. 따라서 주변압기 직하에 연계되는 분산전원의 연계가능용량오차가 선로말단에 연계되는 경우의 오차보다 작게 나타났으며, 선로의 길이가 길수록, 선로손실이 큰 배전선로 일수록 오차값은 커진다.

# Chapter 13

# 분산전원 도입한계량 초과시 운용방안

배전계통에 분산전원이 도입되는 경우, 분산전원의 운전역률과 도입량 및 LDC내부의
정정계수에 의해 결정되는 송출기준전압사이의 일반적 상관관계는 다음과 같이 요약된다.

- LDC에 의해 전압조정이 되는 기존의 배전계통에 분산전원이 도입되면, 분산전원
  의 운전역률과 도입량으로 인하여 LDC의 내부정정계수에 의해 결정되는 송출기
  준전압의 저하현상이 일어나게 되므로 LDC는 그 적정전압조정의 기능을 상실하
  게 된다.
- 분산전원의 운전역률을 진상으로 할수록 도입한계량(유효전력)은 커진다. 즉, 송
  출기준전압저하에 끼치는 영향이 작아진다.
- 분산전원의 운전역률을 지상으로 할수록 도입한계량은 작아진다. 즉, 송출기준전
  압저하에 끼치는 영향이 커진다.
- 어느 배전계통의 송출기준전압저하의 허용한도를 알면, 그 계통에 도입 가능한
  운전역률별 분산전원의 도입한계량을 파악하는 것이 가능하다.
- 분산전원의 도입한계량(최대유효전력기준)은 선로 말단에 도입될 경우 도입위치
  에 따라 도입한계량의 범위가 달라진다.

한편, 배전계통에 도입되는 분산전원의 양은 그 보급단계 즉, 초기단계, 중간(활성화)
단계, 성숙단계에 따라서 다르기 때문에 배전계통의 운용방안에는 분산전원의 보급단계
를 고려해 넣을 필요가 있다. 따라서 전압조정측면에서 보았을 때, 상기의 도출된 일반
적인 상관관계들과 분산전원의 보급단계를 고려한 배전계통의 운용방안에 대해서는,

첫째, 분산전원의 보급초기단계에서는 도입되는 분산전원의 도입량이 그다지 많지 않
　　　으므로 분산전원도입대상 계통의 송출기준전압저하의 허용한도를 파악해두고,
　　　가능한 범위 내에서 그 운전역률을 진상으로 하도록 유도한다.
둘째, 보급활성화 즉, 성숙단계로 진전되는 중간단계의 경우는, 분산전원이 집중적으
　　　로 어느 계통에 도입되어 도입한계량을 초과하게 될 상황 등이 발생할 수 있는
　　　가능성이 있으므로 도입한계량을 초과한 대상뱅크이하의 고압배전선중 집중적

으로 과도하게 도입된 배전선만을 분리시켜 배전자동화 등의 설비를 이용하여 리얼타임으로 송출전압을 최적하게 조정하는 전압조정방식을 채택하거나 비교적 용량이 큰 분산전원과의 역률협조운전계약조건을 전제로 한 LDC 전압조정방식을 적용하도록 하고, 나머지의 선로에 대해서는 보급 초기단계의 운용방안을 적용한다.

셋째, 보급성숙의 단계에서는 도입 대상배전계통의 뱅크이하에 연결된 모든 고압배전선로에 도입한계량을 초과하는 상당량의 분산전원이 도입되어 있는 상황이 고려될 수 있으므로 고압배전선별로 각각 리얼타임으로 송출전압을 최적하게 조정하는 전압조정방식을 채택하거나 비교적 용량이 큰 분산전원과의 역률협조운전계약조건을 전제로 한 LDC 전압조정방식을 적용하도록 한다. 문제가 심각할 경우는, 고압배전선별로 리얼타임 최적송출전압조정방식과 비교적 용량이 큰 분산전원과의 역률협조운전방식을 병용한다.

와 같은 결론을 얻을 수 있었다. 이를 정리하면 표 13.1과 같다.

**표 13.1 전압조정측면에서 본 분산전원이 도입된 배전계통의 운용방안**

| 항목 | 운 용 방 안 |
|---|---|
| 초기단계 | - 기존의 뱅크일괄 LDC 전압조정체제를 유지한다.<br>- 대상계통의 송출기준전압저하의 허용한도를 파악한다.<br>- 가능한 범위 내에서 분산전원의 운전역률을 진상으로 하도록 유도한다.<br>- 도입한계량을 체크해 둔다. |
| 중간단계 | - 도입한계량을 초과하는 계통의 경우, 뱅크이하의 고압배전선 중 집중적으로 과도하게 도입된 배전선만을 분리시켜 리얼타임 최적송출전압조정방식을 채택하거나 비교적 용량이 큰 분산전원과의 역률협조운전계약조건을 전제로 한 LDC 전압조정방식을 적용하도록 한다.<br>- 나머지의 선로에 대해서는 보급초기단계의 운용방안을 적용한다. |
| 성숙단계 | - 고압배전선별로 각각 리얼타임 최적송출전압조정을 수행하거나 비교적 용량이 큰 분산전원과의 역률협조운전계약조건을 전제로 한 LDC 전압조정방식을 적용하도록 한다.<br>- 문제가 심각할 경우는, 고압배전선별로 리얼타임 최적송출전압조정방식과 비교적 용량이 큰 분산전원과의 역률협조운전방식을 병용한다. |

부록

**A** 분산전원의 무효전력에 대한 유효전력 도입한계량범위 산출프로그램

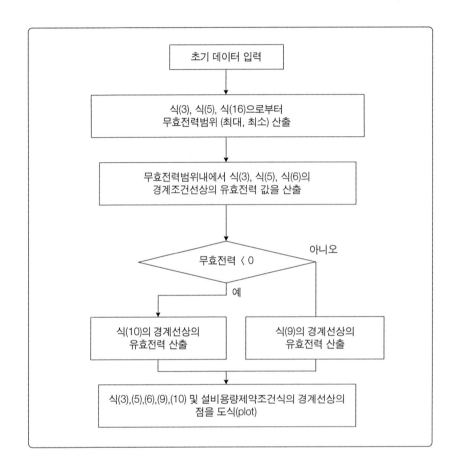

```
%% 초기 데이터
VHd    = 1.077353572727273;
VLd    = 1.029249327272727;
XT     = 0.25;
Tap    = 1.12;
R_LDC  = 1.904481377297716e-001;
X_LDC  = 9.623716277067178e-002;
V0     = 9.992219475556532e-001;
Vbus   = 1.07388917662858;
V2     = 1.03089641182510;
P_sum  = 3.645944739242935e-001;
Q_sum  = 1.842367069092881e-001;
dVH    = VHd^2 - Vbus^2;   dVL = VLd^2 - V2^2;
```

%% 분산전원 도입한계량범위 산출 공식

```
a = ( -Vbus^2 +2*R_LDC*P_sum +2*X_LDC*Q_sum )
b = - (2*X_LDC + 2*(Q_sum + Vbus^2/XT)/( 2*(Q_sum/XT + Vbus^2/XT^2) -
    (Tap/XT)^2 ) )
c = ( 2*R_LDC + 2*P_sum/(2*(Q_sum/XT + Vbus^2/XT^2) - (Tap/XT)^2 ) )
```

```
Pg_min2_1 = ( (V0-0.01)^2 + a )/c + (b/c)*Qg_sum(i);
Pg_max2_1 = ( (V0+0.01)^2 + a )/c + (b/c)*Qg_sum(i);
Pg_min2_2 = ( dVL*( 2*(Q_sum+Vbus^2/XT)/XT - (Tap/XT)^2 ))/( 2*P_sum) - ((
            Q_sum+Vbus^2/XT )/P_sum)*Qg_sum;
Pg_max2_2 =( dVH*( 2*(Q_sum+Vbus^2/XT)/XT - (Tap/XT)^2 ))/( 2*P_sum) - ((
            Q_sum+Vbus^2/XT )/P_sum)*Qg_sum;
Pe1 = (VHd^2-V2^2)/0.93868 -(1.90123/0.93868)*Qg_sum;
Pe2 = -(1.90123/0.93868)*Qg_sum;
```

%%%%%% 분산전원 도입한계량범위 산출 %%%%%%%%%%%%%
%%%%%% 분산전원 도입한계량범위 산출 %%%%%%%%%%%%%

```
        Qg_sum = [-0.017:0.001:0.017];
        [n,m] = size(Qg_sum);
        for i = 1:m;
           Pg_min2_1(i) = -8.1856e-004 - 1.7031*Qg_sum(i);
```

```
            Pg_max2_1(i) =  0.0942        -1.7031*Qg_sum(i);
            Pg_min2_2(i) = -0.0852 - 1.3158e+1 * Qg_sum(i);
            Pg_max2_2(i) =  1.8711e-001 - 1.3158e+1 * Qg_sum(i);
            Pg(i) = 0.0942-1.7031*Qg_sum(i);
            k(i)  = Qg_sum(i)/Pg(i);
            Pg1(i) = 0.1/sqrt(1+k(i)^2);
            Qg1(i) = k(i)*Pg1(i);
        end


        Qg_sum1 = [0:0.001:0.017];
        [n,m1] = size(Qg_sum1);
        for i = 1:m1;
            Pe1(i) = 0.1043-2.0254*Qg_sum1(i);
        end


        Qg_sum2 = [-0.017:0.001:0];
        [n,m2] = size(Qg_sum2);
        for i = 1:m2;
            Pe2(i) = -2.0254*Qg_sum2(i);
        end
```

%% 도입한계량 범위 출력

```
f i g u r e ( 1 ) , p l o t ( Q g _ s u m , P g _ m i n 2 _ 3 , ' b - ' ) , h o l d
on;plot(Qg_sum,Pg_max2_3,'r-');plot(Qg_sum,Pg_min2_2,'b-'),plot(Qg_sum
,Pg_max2_2,'r-');figure(1),plot(Qg_sum1,Pe1,'m-');plot(Qg_sum2,Pe2,'m-')
;plot(Qg1,Pg1,'k-')  xlabel('분산전원무효전력  [p.u.]'),ylabel('분산전원유효전력
[p.u.]');gtext('(16)'),gtext('(16)'),gtext('(17)'),gtext('(17)'),gtext
('(18)'),gtext('(19)');gtext('설비최대용량'); axis([-0.017 0.017 -0.05 0.15])
```

## B. 분산전원의 역률각에 대한 유효전력 도입한계량범위 산출프로그램

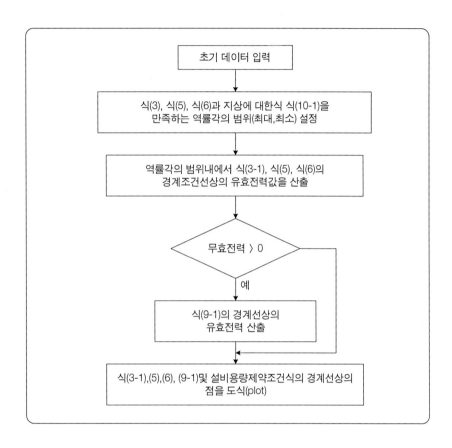

```
%% 분산전원 도입한계량 산출 공식

    a = ( -Vbus^2 +2*R_LDC*P_sum +2*X_LDC*Q_sum )
    b1 = ( 2*(Q_sum/XT + Vbus^2/XT^2) - (Tap/XT)^2 )


Pg_min3_3 = ( (V0-0.01)^2 + a )/( 2*R_LDC + 2*P_sum/b1 + ( 2*X_LDC +
            2*(Q_sum + Vbus^2/XT)/b1 )*tanth );
Pg_max3_3 = ( (V0+0.01)^2 + a )/( 2*R_LDC + 2*P_sum/b1 + ( 2*X_LDC +
            2*(Q_sum + Vbus^2/XT)/b1 )*tanth );
Pg_min3_2 = ( dVL*( 2*(Q_sum+Vbus^2/XT)/XT - (Tap/XT)^2 ))/( 2*P_sum +
            2*(Q_sum+Vbus^2/XT )*tanth );
Pg_max3_2 = ( dVH*( 2*(Q_sum+Vbus^2/XT)/XT - (Tap/XT)^2 ))/( 2*P_sum +
            2*(Q_sum+Vbus^2/XT )*tanth );
Pgt = (VHd^2-V2^2)/(0.93868 +1.90123*tanth);
pf = -(0.93868/1.90123);


%%%%%% 분산전원 도입한계량 산출 %%%%%%%%%%%%%%
%%%%%% 분산전원 도입한계량 산출 %%%%%%%%%%%%%%


f1 = -0.9918:-0.003:-0.998;                    %% 진상역률의 범위
f2 = 1: -0.001 : 0.9;                          %% 지상역률의 범위
pf= [f1 f2];


[mm, m] = size(pf);
for j=1:m;
    tanth(j) = tan(acos(pf(j)));               %% tan 값으로 변환
 end
[n,m] = size(tanth);
        for i = 1:m;
            Pg_min3_3(i) = -3.4439e-004/( 0.4207 + 0.7166*tanth(i) );
                                        %% 탭 동작 하한
            Pg_max3_3(i) = 0.0396/( 0.4207 + 0.7166*tanth(i) );
                                        %% 탭 동작 상한
            Pg_min3_2(i) = -0.06212/(0.7292 + 9.5944*tanth(i) );
                                        %% 허용범위 하한
            Pg_max3_2(i) = 0.13644/(0.7292+ 9.59438*tanth(i) );
                                        %% 허용범위 상한
            Pgt(i) = 0.0979/(0.93868+1.90123*tanth(i));
                                        % 선로전압 상한
```

```
            pf = 0.8967;                              % 선로전압 하한
            Pe(i) = 0.1/sqrt(1+tanh(i)^2 );
        end
o1 = -f1;
o2 = 2-f2;
outk = [o1 o2];                % 역률(진상및지상)에 대한 관계식으로 표현하기 위함.
pf   = (0.8967)*ones(1,3);     % 식 (23)의 조건..
pf1  = (0.9918)*ones(1,3);     % 방법 I 에서 구한 최소 역률..
pfP = [-0.05 0 0.15];          % 그림 그리기 위한 데이터
```

%% 도입한계량 범위 출력

```
figure(2),plot(outk,Pg_min3_3,'b-'),hold on; plot(outk,Pg_max3_3,'r-');
plot(outk,Pg_min3_2,'b-'),plot(outk,Pg_max3_2,'r-');plot(outk,Pgt,'m-'
);plot(pf,pfP,'m-');plot(pf1,pfP,'k-');plot(outk,Pe,'k-');xlabel('분산
전원 역률')  ; ylabel('분산전원 유효전력 [p.u.]');gtext('진상');gtext('지상
');gtext('설비최대용량');axis([0.99 1.1 -0.05 0.13]);gtext('(20)');gtext
('(20)');gtext('(21)');gtext('(21)');gtext('(22)');gtext('(23)');
```

## C. 분산전원의 무효전력에 대한 유효전력 도입한계량범위 산출프로그램

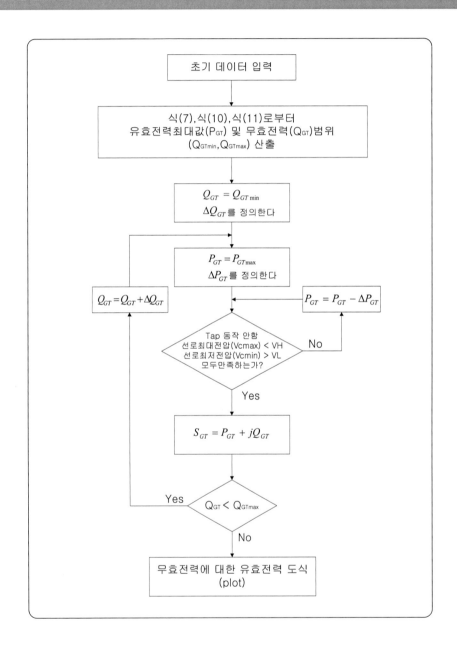

```
clear;clc;

tic
    %%%%%%%%%%%%%%%%%%%%%%%

load VR_data;
r=VR_data(1:5,:);     x=VR_data(6:10,:);     PL=VR_data(11:15,:);
QL=VR_data(16:20,:);
PG=VR_data(21:25,:);  QG=VR_data(26:30,:);  %Vold=VR_data(31:35,:);


%% peak load : 1 ; middle load : 0.625 ; light load : 0.25 ;

 I_T = 1;   %% 피크부하 : 1, 미들부하 : 0.645, 경부하 : 0.25


PL=I_T*PL; QL=I_T*QL;


VHd = ( 233/220 +0.02*I_T )*0.99839;
VLd = ( 207/220 +0.09*I_T )*0.99839;


if I_T == 1;
    Vold = VR_data(31:35,:);
    P_sum = 3.645944739242935e-001; Q_sum = 1.842367069092881e-001;
    Tap = 1.12;
  elseif I_T == 0.625;
    Vold = VR_data(36:40,:);
    P_sum = 2.268715989483636e-001; Q_sum = 1.129981993061360e-001;
    Tap = 1.08;
  elseif I_T == 0.25;
    Vold = VR_data(41:45,:);
    P_sum = 9.030626616406824e-002; Q_sum = 4.424824062217556e-002
    Tap = 1.03;
end

STap = Tap
Vbus = Vold(1,2);
Vend = Vold(5,31);

%% Determine PG %%%%%%%%%%%%%%%%%%%%%%%%%%%%%%%%%%%%%%%%%%%%%%%%%%%%%%%%%%%%%%%
```

```
%% Determine PG %%%%%%%%%%%%%%%%%%%%%%%%%%%%%%%%%%%%%%%%%%%%%%%%%%%%%%%%

[Mmat,Nmat] = size (PL);

%% Position Matrix
PM = [ 1    2    3    4    5    6;
       0    1    1    1    1    0;
       0    3    4    5    6    0;
       0    0    0    0    0    0;
       6   51   21   11   31    0];

a_p = ones(Mmat,Nmat); b_p = zeros(Mmat,Nmat); c_p = zeros(Mmat,Nmat);
a_q = a_p; b_q = b_p; c_q = c_p;

a_q(1,2) = 0; b_q(1,2) = 0; c_q(1,2) = 1;
XT=0.25;
Dtap=0.01;

  VH=VHd*ones(1,Nmat);  %% maximum permition limit of full load
  VL=VLd*ones(1,Nmat);  %% minimum permition limit of full load

  %% Determine the R_LDC, X_LDC and V0;

  cos_th = 8.925200127632209e-001;
  R_LDC = 1.904481377297716e-001;
  X_LDC = 9.623716277067178e-002;
  V0 = 9.992219475556532e-001;

  %%%%%%%%%%%%%%%%%%%%%%%%%%%%%%%%%%%%%%%%%%%
  %%%%%%%%%%%%%%%%%%%%%%%%%%%%%%%%%%%%%%%%%%%


Qrange1= 0:-0.001:-0.014;    %% 무효전력의 범위
                             %% 무효전력의 범위

[m,nq1]= size(Qrange1);
np=171;

dPg = 0.001;
```

```
for i1 = 1:nq1;
    Qg_sum = Qrange1(i1);
    Pg_sum = 0;

  for i2 = 1:np;

      PG(2,2)=Pg_sum; QG(2,2)=Qg_sum;



[Mmat,Nmat] = size (PL);

P = zeros(Mmat,Nmat); Q = zeros(Mmat,Nmat); V = zeros(Mmat,Nmat); z =
    zeros(Mmat,Nmat);

V(1,1) =1;
P(:,1) =0;                    % P(:,1) : 임의로 주어지는 값
Q(:,1) =0;                    % Q(:,1) : 임의로 주어지는 값

% errer 초기화

del_V = 10^-10;
VVVVV = 0;
kkkk = 0;

JC = zeros(3,3);
JCC = 1;
jj = 1;
t = 0;


  %% Load sub program ( Calculate each load P,Q,V )

  x(1,2)= XT/Tap;
  QL(1,2) = (1-Tap)/XT;


for i =  1: Mmat
  for j = 1: Nmat
    z(i,j) =sqrt((r(i,j))^2 + (x(i,j))^2);
```

```
        end
    end



    for k1 = 1:100                  % main 시작



        for j = 1:PM(5,1)-1         % main feeder의 P, Q, V 값을 계산 시작  2번째 for
        t = 0;
        i = 1;
        %jj = jj+t;
        VVV = V(i,j+1);
        V(i,j+1) = (V(i,j))^2 - 2*(r(i,j+1) * P(i,j) + x(i,j+1) * Q(i,j)) +
                    ((r(i,j+1))^2 + (x(i,j+1))^2 ) * (((P(i,j))^2+(Q(i,j))^2
                    )/(V(i,j)^2) );
        V(i,j+1) = sqrt(V(i,j+1));
        P(i,j+1) =P(i,j)-r(i,j+1)*((P(i,j))^2+(Q(i,j))^2)/(V(i,j))^2-PL
                    (i,j+1)*(a_p(i,j+1)+b_p(i,j+1)*(V(i,j+1))+c_p(i,j+1)*V(
                    i,j+1)^2)+PG(i,j+1);
        Q(i,j+1) =Q(i,j)-x(i,j+1)*((P(i,j))^2+(Q(i,j))^2)/(V(i,j))^2-QL
                    (i,j+1)*(a_q(i,j+1)+b_q(i,j+1)*(V(i,j+1))+c_q(i,j+1)*V(
                    i,j+1)^2)+QG(i,j+1);
        LP(i,j+1) = r(i,j+1)*( P(i,j)^2+Q(i,j)^2 )/V(i,j)^2;
        LQ(i,j+1) = x(i,j+1)*( P(i,j)^2+Q(i,j)^2 )/V(i,j)^2;
        VVVV = abs(VVV - V(i,j+1));
        del_V = max(VVVVV,VVVV);
        VVVVV = del_V ;



        if ((PM(1,1)==PM(2,jj+1)) & ( j==PM(3,jj+1)-1))
                        %main feeder에서 lateral이 있는가?
            ki_lat = i;
            kj_lat = j;

        VVV = V(i,j+1);
        V(i,j+1) = (V(i,j))^2 - 2*(r(i,j+1) * P(i,j) + x(i,j+1) * Q(i,j)) +
                    ((r(i,j+1))^2 + (x(i,j+1))^2 ) * (((P(i,j))^2+(Q(i,j))^2
                    )/(V(i,j)^2) );
```

```
V(i,j+1) = sqrt(V(i,j+1));
P(i,j+1) = P(i,j)-r(i,j+1)*((P(i,j))^2+(Q(i,j))^2)/(V(i,j))^2-P(jj
          +1,1)-PL(i,j+1)*(a_p(i,j+1)+b_p(i,j+1)*(V(i,j+1))+c_p(i
          ,j+1)*V(i,j+1)^2)+PG(i,j+1);
Q(i,j+1) = Q(i,j)-x(i,j+1)*((P(i,j))^2+(Q(i,j))^2)/(V(i,j))^2-Q(jj
          +1,1)-QL(i,j+1)*(a_q(i,j+1)+b_q(i,j+1)*(V(i,j+1))+c_q(i
          ,j+1)*V(i,j+1)^2)+QG(i,j+1);
LP(i,j+1) = r(i,j+1)*( P(i,j)^2+Q(i,j)^2 )/V(i,j)^2;
LQ(i,j+1) = x(i,j+1)*( P(i,j)^2+Q(i,j)^2 )/V(i,j)^2;
   V(jj+1,1) = V(i,j+1);
   VVVV = abs(VVV - V(i,j+1));
   del_V = max(VVVVV,VVVV);
   VVVVV = del_V ;
   jj = jj+1;
   i = jj;


   for j = 1:PM(5,jj)-1                              % lateral 의 시작


      VVV = V(i,j+1);
      V(i,j+1) = (V(i,j))^2 - 2*(r(i,j+1) * P(i,j) + x(i,j+1) * Q(i,j))
                 + ((r(i,j+1))^2 + (x(i,j+1))^2 ) * (((P(i,j))^2+(Q
                 (i,j))^2 )/(V(i,j)^2) );
      V(i,j+1) = sqrt(V(i,j+1));
      P(i,j+1) = P(i,j)-r(i,j+1)*((P(i,j))^2+(Q(i,j))^2)/(V(i,j))^2
                 -PL(i,j+1)*(a_p(i,j+1)+b_p(i,j+1)*(V(i,j+1))+c_p(i
                 ,j+1)*V(i,j+1)^2)+PG(i,j+1);
      Q(i,j+1) = Q(i,j)-x(i,j+1)*((P(i,j))^2+(Q(i,j))^2)/(V(i,j))^2
                 -QL(i,j+1)*(a_q(i,j+1)+b_q(i,j+1)*(V(i,j+1))+c_q(i
                 ,j+1)*V(i,j+1)^2)+QG(i,j+1);
LP(i,j+1) = r(i,j+1)*( P(i,j)^2+Q(i,j)^2 )/V(i,j)^2;
LQ(i,j+1) = x(i,j+1)*( P(i,j)^2+Q(i,j)^2 )/V(i,j)^2;
      VVVV = abs(VVV - V(i,j+1));
      del_V = max(VVVVV,VVVV);
      VVVVV = del_V ;



   if((PM(1,jj)==PM(2,jj+1)) & ( j==PM(3,jj+1)-1))
                    % lateral에 sub lateral이 있는가?
      ki_sub = i;
```

```
        kj_sub = j;

        VVV = V(i,j+1);
        V(i,j+1) = (V(i,j))^2 - 2*(r(i,j+1) * P(i,j) + x(i,j+1) * Q(i,
                j)) + ((r(i,j+1))^2 + (x(i,j+1))^2 ) * (((P(i,j))
                ^2+(Q(i,j))^2 )/(V(i,j)^2) );
        V(i,j+1) = sqrt(V(i,j+1));
        P(i,j+1) = P(i,j)-r(i,j+1)*((P(i,j))^2+(Q(i,j))^2)/(V(i,j))
                ^2-P(jj,1)-PL(i,j+1)*(a_p(i,j+1)+b_p(i,j+1)*(V(
                i,j+1))+c_p(i,j+1)*V(i,j+1)^2)+PG(i,j+1);
        Q(i,j+1) = Q(i,j)-x(i,j+1)*((P(i,j))^2+(Q(i,j))^2)/(V(i,j))^2
                -Q(jj,1)-QL(i,j+1)*(a_q(i,j+1)+b_q(i,j+1)*(V(i,
                j+1))+c_q(i,j+1)*V(i,j+1)^2)+QG(i,j+1);
LP(i,j+1) = r(i,j+1)*( P(i,j)^2+Q(i,j)^2 )/V(i,j)^2;
LQ(i,j+1) = x(i,j+1)*( P(i,j)^2+Q(i,j)^2 )/V(i,j)^2;
        V(jj+1,1) = V(i,j+1);
        VVVV = abs(VVV - V(i,j+1));
        del_V = max(VVVVV,VVVV);
        VVVVV = del_V ;

        jj = jj+1;
        i = jj;

        for   j = 1:PM(5,jj) -1                    % sub_lateral 시작

            VVV = V(i,j+1);
            V(i,j+1) = (V(i,j))^2 - 2*(r(i,j+1) * P(i,j) + x(i,j+1) *
                    Q(i,j)) + ((r(i,j+1))^2 + (x(i,j+1))^2 ) *
                    (((P(i,j))^2+(Q(i,j))^2 )/(V(i,j)^2) );
            V(i,j+1) = sqrt(V(i,j+1));
            P(i,j+1) = P(i,j)-r(i,j+1)*((P(i,j))^2+(Q(i,j))^2)/(V(i,j))
                    ^2-PL(i,j+1)*(a_p(i,j+1)+b_p(i,j+1)*(V(i,j+1)
                    )+c_p(i,j+1)*V(i,j+1)^2)+PG(i,j+1);
            Q(i,j+1) = Q(i,j)-x(i,j+1)*((P(i,j))^2+(Q(i,j))^2)/(V(i,j))
                    ^2-QL(i,j+1)*(a_q(i,j+1)+b_q(i,j+1)*(V(i,j+1)
                    )+c_q(i,j+1)*V(i,j+1)^2)+QG(i,j+1);
LP(i,j+1) = r(i,j+1)*( P(i,j)^2+Q(i,j)^2 )/V(i,j)^2;
LQ(i,j+1) = x(i,j+1)*( P(i,j)^2+Q(i,j)^2 )/V(i,j)^2;
            VVVV = abs(VVV - V(i,j+1));
```

```
        del_V = max(VVVVV,VVVV);
        VVVVV = del_V ;


    end                                    % sub_lateral for문 end


    JCC =1;
    for j = PM(5,jj):-1:2


JC(1,1) = 1 - 2*r(i,j)*P(i,j-1)/V(i,j-1)^2 - PL(i,j)*2*(-r(i,j)
          +z(i,j)^2*P(i,j-1)/V(i,j-1)^2 )*( b_p(i,j)/(2*V(i,j))
          +c_p(i,j) );
JC(1,2) = - 2*r(i,j)*Q(i,j-1)/V(i,j-1)^2 - PL(i,j)*2*( -x(i,j)+
          z(i,j)^2*Q(i,j-1)/V(i,j-1)^2)*(b_p(i,j)/(2*V(i,j))
          +c_p(i,j) );
JC(1,3) = r(i,j)*( P(i,j-1)^2+Q(i,j-1)^2 )/V(i,j-1)^4 - PL(i,j)*(
          1 -z(i,j)^2*( P(i,j-1)^2+Q(i,j-1)^2 )/V(i,j-1)^4  )*(
          b_p(i,j)/(2*V(i,j))+c_p(i,j) );
JC(2,1) = - 2*x(i,j)*P(i,j-1)/V(i,j-1)^2 - QL(i,j)*2*( -r(i,j)
          +z(i,j)^2*P(i,j-1)/V(i,j-1)^2 )*( b_q(i,j)/(2*V(i,j))
          +c_q(i,j) );
JC(2,2) = 1 - 2*x(i,j)*Q(i,j-1)/V(i,j-1)^2 - QL(i,j)*2*( -x(i,j)
          +z(i,j)^2*Q(i,j-1)/V(i,j-1)^2 )*( b_q(i,j)/(2*V(i,j))
          +c_q(i,j) );
JC(2,3) = x(i,j)*( P(i,j-1)^2+Q(i,j-1)^2 )/V(i,j-1)^4 - QL(i,j)*(
          1 -z(i,j)^2*( P(i,j-1)^2+Q(i,j-1)^2 )/V(i,j-1)^4  )*(
          b_q(i,j)/(2*V(i,j))+c_q(i,j) );
JC(3,1) = - 2*( r(i,j) - z(i,j)^2*P(i,j-1)/V(i,j-1) );
JC(3,2) = - 2*( x(i,j) - z(i,j)^2*Q(i,j-1)/V(i,j-1) );
JC(3,3) = 1 - z(i,j)^2 * ( P(i,j-1)^2+Q(i,j-1)^2 )/V(i,j-1)^4;


        JCC = JCC * JC;


    end


    J(1,1) = JCC(1,1);
    J(1,2) = JCC(1,2);
    J(2,1) = JCC(2,1);
    J(2,2) = JCC(2,2);
```

```
        H(1,1) = P(jj,PM(5,jj));
        H(1,2) = Q(jj,PM(5,jj));

        del_z = - inv(J) * H';

        P(jj,1) = P(jj,1) + del_z(1,1);
        Q(jj,1) = Q(jj,1) + del_z(2,1);

        i = ki_sub;
        j = kj_sub;

          VVV = V(i,j+1);
          V(i,j+1) = (V(i,j))^2 - 2*(r(i,j+1) * P(i,j) + x(i,j+1) *
                     Q(i,j))  +  ((r(i,j+1))^2 +  (x(i,j+1))^2 ) *
                     (((P(i,j))^2+(Q(i,j))^2 )/(V(i,j)^2) );
          V(i,j+1) = sqrt(V(i,j+1));
          P(i,j+1) = P(i,j)-r(i,j+1)*((P(i,j))^2+(Q(i,j))^2)/(V(i,j))
                     ^2-P(jj,1)-PL(i,j+1)*(a_p(i,j+1)+b_p(i,j+1)*(
                     V(i,j+1))+c_p(i,j+1)*V(i,j+1)^2)+PG(i,j+1);
          Q(i,j+1) = Q(i,j)-x(i,j+1)*((P(i,j))^2+(Q(i,j))^2)/(V(i,j))
                     ^2-Q(jj,1)-QL(i,j+1)*(a_q(i,j+1)+b_q(i,j+1)*(
                     V(i,j+1))+c_q(i,j+1)*V(i,j+1)^2)+QG(i,j+1);
LP(i,j+1) = r(i,j+1)*( P(i,j)^2+Q(i,j)^2 )/V(i,j)^2;
LQ(i,j+1) = x(i,j+1)*( P(i,j)^2+Q(i,j)^2 )/V(i,j)^2;
        V(jj,1) = V(i,j+1);

        VVVV = abs(VVV - V(i,j+1));
        del_V = max(VVVVV,VVVV);
        VVVVV = del_V ;
        t = t+1;
        jj = jj - t;
      end               %lateral에  sub_lateral이 있는가? if문 end


    end               %lateral for문 end
    JCC =1;

    for j = PM(5,jj):-1:2
```

```
JC(1,1) = 1 - 2*r(i,j)*P(i,j-1)/V(i,j-1)^2 - PL(i,j)*2*( -r(i,j)
          +z(i,j)^2*P(i,j-1)/V(i,j-1)^2 )*( b_p(i,j)/(2*V(i,j))
          +c_p(i,j) );
JC(1,2) = - 2*r(i,j)*Q(i,j-1)/V(i,j-1)^2 - PL(i,j)*2*( -x(i,j)
          +z(i,j)^2*Q(i,j-1)/V(i,j-1)^2 )*( b_p(i,j)/(2*V(i,j))
          +c_p(i,j) );
JC(1,3) = r(i,j)*( P(i,j-1)^2+Q(i,j-1)^2 )/V(i,j-1)^4 - PL(i,j)*(
          1 -z(i,j)^2*( P(i,j-1)^2+Q(i,j-1)^2 )/V(i,j-1)^4 )*(
          b_p(i,j)/(2*V(i,j))+c_p(i,j) );
JC(2,1) = - 2*x(i,j)*P(i,j-1)/V(i,j-1)^2 - QL(i,j)*2*( -r(i,j)
          +z(i,j)^2*P(i,j-1)/V(i,j-1)^2 )*( b_q(i,j)/(2*V(i,j))
          +c_q(i,j) );
JC(2,2) = 1 - 2*x(i,j)*Q(i,j-1)/V(i,j-1)^2 - QL(i,j)*2*( -x(i,j)
          +z(i,j)^2*Q(i,j-1)/V(i,j-1)^2 )*( b_q(i,j)/(2*V(i,j))
          +c_q(i,j) );
JC(2,3) = x(i,j)*( P(i,j-1)^2+Q(i,j-1)^2 )/V(i,j-1)^4 - QL(i,j)*(
          1 -z(i,j)^2*( P(i,j-1)^2+Q(i,j-1)^2 )/V(i,j-1)^4 )*(
          b_q(i,j)/(2*V(i,j))+c_q(i,j) );
JC(3,1) = - 2*( r(i,j) - z(i,j)^2*P(i,j-1)/V(i,j-1) );
JC(3,2) = - 2*( x(i,j) - z(i,j)^2*Q(i,j-1)/V(i,j-1) );
JC(3,3) = 1 - z(i,j)^2 * ( P(i,j-1)^2+Q(i,j-1)^2 )/V(i,j-1)^4;


        JCC = JCC * JC;

end

J(1,1) = JCC(1,1);
J(1,2) = JCC(1,2);
J(2,1) = JCC(2,1);
J(2,2) = JCC(2,2);

H(1,1) = P(jj,PM(5,jj));
H(1,2) = Q(jj,PM(5,jj));

del_z = - inv(J) * H';

P(jj,1) = P(jj,1) + del_z(1,1);
Q(jj,1) = Q(jj,1) + del_z(2,1);
```

```
      i = ki_lat;
      j = kj_lat;


      VVV = V(i,j+1);
      V(i,j+1) = (V(i,j))^2 - 2*(r(i,j+1) * P(i,j) + x(i,j+1) * Q(i,j))
                 + ((r(i,j+1))^2 + (x(i,j+1))^2 ) * (((P(i,j))^2+(Q(i,j))
                 ^2 )/(V(i,j)^2) );
      V(i,j+1) = sqrt(V(i,j+1));
      P(i,j+1) = P(i,j)-r(i,j+1)*((P(i,j))^2+(Q(i,j))^2)/(V(i,j))^2-P
                 (jj,1)-PL(i,j+1)*(a_p(i,j+1)+b_p(i,j+1)*(V(i,j+1))+c
                 _p(i,j+1)*V(i,j+1)^2)+PG(i,j+1);
      Q(i,j+1) = Q(i,j)-x(i,j+1)*((P(i,j))^2+(Q(i,j))^2)/(V(i,j))^2-Q
                 (jj,1)-QL(i,j+1)*(a_q(i,j+1)+b_q(i,j+1)*(V(i,j+1))+c
                 _q(i,j+1)*V(i,j+1)^2)+QG(i,j+1);
  LP(i,j+1) = r(i,j+1)*( P(i,j)^2+Q(i,j)^2 )/V(i,j)^2;
  LQ(i,j+1) = x(i,j+1)*( P(i,j)^2+Q(i,j)^2 )/V(i,j)^2;
      V(jj,1) = V(i,j+1);
      VVVV = abs(VVV - V(i,j+1));
      del_V = max(VVVV,VVVV);
      VVVVV = del_V ;
      jj = jj+t;

   end                      %main feeder에 lateral이 있는가? if문 end




end                      %main feeder for문 end
JCC=1;
for j = PM(5,1):-1:2

  i = 1;

    JC(1,1) = 1 - 2*r(i,j)*P(i,j-1)/V(i,j-1)^2 - PL(i,j)*2*( -r(i,j)
              +z(i,j)^2*P(i,j-1)/V(i,j-1)^2 )*( b_p(i,j)/(2*V(i,j))
              +c_p(i,j) );
    JC(1,2) = - 2*r(i,j)*Q(i,j-1)/V(i,j-1)^2 - PL(i,j)*2*( -x(i,j)
              +z(i,j)^2*Q(i,j-1)/V(i,j-1)^2 )*( b_p(i,j)/(2*V(i,j))
              +c_p(i,j) );
```

```
      JC(1,3) = r(i,j)*( P(i,j-1)^2+Q(i,j-1)^2 )/V(i,j-1)^4 - PL(i,j)*(
                1 -z(i,j)^2*( P(i,j-1)^2+Q(i,j-1)^2 )/V(i,j-1)^4 )*(
                b_p(i,j)/(2*V(i,j))+c_p(i,j) );
      JC(2,1) = - 2*x(i,j)*P(i,j-1)/V(i,j-1)^2 - QL(i,j)*2*( -r(i,j)+z
                (i,j)^2*P(i,j-1)/V(i,j-1)^2)*(b_q(i,j)/(2*V(i,j))
                +c_q(i,j) );
      JC(2,2) = 1 - 2*x(i,j)*Q(i,j-1)/V(i,j-1)^2 - QL(i,j)*2*( -x(i,j)
                +z(i,j)^2*Q(i,j-1)/V(i,j-1)^2 )*( b_q(i,j)/(2*V(i,j))
                +c_q(i,j) );
      JC(2,3) = x(i,j)*( P(i,j-1)^2+Q(i,j-1)^2 )/V(i,j-1)^4 - QL(i,j)*(
                1 -z(i,j)^2*( P(i,j-1)^2+Q(i,j-1)^2 )/V(i,j-1)^4 )*(
                b_q(i,j)/(2*V(i,j))+c_q(i,j) );
      JC(3,1) = - 2*( r(i,j) - z(i,j)^2*P(i,j-1)/V(i,j-1) );
      JC(3,2) = - 2*( x(i,j) - z(i,j)^2*Q(i,j-1)/V(i,j-1) );
      JC(3,3) = 1 - z(i,j)^2 * ( P(i,j-1)^2+Q(i,j-1)^2 )/V(i,j-1)^4;

   JCC = JCC * JC;

end

J(1,1) = JCC(1,1);
J(1,2) = JCC(1,2);
J(2,1) = JCC(2,1);
J(2,2) = JCC(2,2);

H(1,1) = P(1,PM(5,1));
H(1,2) = Q(1,PM(5,1));

del_z = - inv(J) * H';

P(1,1) = P(1,1) + del_z(1,1);
Q(1,1) = Q(1,1) + del_z(2,1);

sum = abs(P(2,Nmat)+Q(2,Nmat));

if sum <= 10^-10  ;break, end
VVVVV = 10^-10;
jj=1;
end                                              %main for문 end
```

```
rV = sqrt ( V(1,2)^2 - 2*( R_LDC*(P(1,2))+ X_LDC*(Q(1,2)) ) );
Vr = abs(rV) - V0;
Vcmax = max([max(V(2,1:51)),max(V(3,1:21)),max(V(4,1:11)),max(V(5,1:31))]);
Vcmin = min([min(V(2,1:51)),min(V(3,1:21)),min(V(4,1:11)),min(V(5,1:31))]);

    if ( -0.01 < Vr ) & (Vr < 0.01 ) & (Vcmax < VHd) & (Vcmin > VLd);
      break;
    else
      Pg_sum = Pg_sum + dPg;
    end

  end %%  end i2


Pgt1(i1) = Pg_sum;



end  %% end i1
%%%%%%%%%%%%%%%%%%%%%%%%%%%%%%%%%%%%%%%%%%%%%%%%%%%%%%%%%%%

Qrange2= -0.014:0.001:0.015;                         %% 무효전력의 범위

[m,nq2]= size(Qrange2);
np=171;

%dQg = 0.001;
dPg = 0.001;

for i3 = 1:nq2;
    Qg_sum = Qrange2(i3);
    Pg_sum = 0.17;

  for i4 = 1:np;

      PG(2,2)=Pg_sum; QG(2,2)=Qg_sum;


[Mmat,Nmat] = size (PL);

P = zeros(Mmat,Nmat); Q = zeros(Mmat,Nmat); V = zeros(Mmat,Nmat); z =
```

```
zeros(Mmat,Nmat);

V(1,1) =1;
P(:,1) =0;                        % P(:,1) : 임의로 주어지는 값
Q(:,1) =0;                        % Q(:,1) : 임의로 주어지는 값

% errer 초기화

del_V = 10^-10;
VVVVV = 0;
kkkk = 0;

JC = zeros(3,3);
JCC = 1;
jj = 1;
t = 0;


    %% Load sub program ( Calculate each load P,Q,V )

    x(1,2)= XT/Tap;
    QL(1,2) = (1-Tap)/XT;



for i =  1: Mmat
   for j = 1: Nmat
     z(i,j) =sqrt((r(i,j))^2 + (x(i,j))^2);
   end
end



for k1 = 1:100                % main 시작


    for j = 1:PM(5,1)-1       % main feeder의 P, Q, V 값을 계산 시작  2번째 for
     t = 0;
     i = 1;
     %jj = jj+t;
```

```
            VVV = V(i,j+1);
            V(i,j+1) = (V(i,j))^2 - 2*(r(i,j+1) * P(i,j) + x(i,j+1) * Q(i,j)) +
                       ((r(i,j+1))^2 + (x(i,j+1))^2 ) * (((P(i,j))^2+(Q(i,j))^2
                       )/(V(i,j)^2) );
            V(i,j+1) = sqrt(V(i,j+1));
            P(i,j+1) = P(i,j)-r(i,j+1)*((P(i,j))^2+(Q(i,j))^2)/(V(i,j))^2-PL(i,
                       j+1)*(a_p(i,j+1)+b_p(i,j+1)*(V(i,j+1))+c_p(i,j+1)*V(i,
                       j+1)^2)+PG(i,j+1);
            Q(i,j+1) = Q(i,j)-x(i,j+1)*((P(i,j))^2+(Q(i,j))^2)/(V(i,j))^2-QL(i,
                       j+1)*(a_q(i,j+1)+b_q(i,j+1)*(V(i,j+1))+c_q(i,j+1)*V(i,
                       j+1)^2)+QG(i,j+1);
            LP(i,j+1) = r(i,j+1)*( P(i,j)^2+Q(i,j)^2 )/V(i,j)^2;
            LQ(i,j+1) = x(i,j+1)*( P(i,j)^2+Q(i,j)^2 )/V(i,j)^2;
            VVVV = abs(VVV - V(i,j+1));
            del_V = max(VVVVV,VVVV);
            VVVVV = del_V ;


        if ((PM(1,1)==PM(2,jj+1)) & ( j==PM(3,jj+1)-1))
                              %main feeder에서 lateral이 있는가?
            ki_lat = i;
            kj_lat = j;

        VVV = V(i,j+1);
        V(i,j+1) = (V(i,j))^2 - 2*(r(i,j+1) * P(i,j) + x(i,j+1) * Q(i,j)) +
                   ((r(i,j+1))^2 + (x(i,j+1))^2 ) * (((P(i,j))^2+(Q(i,j))^2
                   )/(V(i,j)^2) );
        V(i,j+1) = sqrt(V(i,j+1));
        P(i,j+1) = P(i,j)-r(i,j+1)*((P(i,j))^2+(Q(i,j))^2)/(V(i,j))^2-P(jj
                   +1,1)-PL(i,j+1)*(a_p(i,j+1)+b_p(i,j+1)*(V(i,j+1))+c_p(i
                   ,j+1)*V(i,j+1)^2)+PG(i,j+1);
        Q(i,j+1) = Q(i,j)-x(i,j+1)*((P(i,j))^2+(Q(i,j))^2)/(V(i,j))^2-Q(jj
                   +1,1)-QL(i,j+1)*(a_q(i,j+1)+b_q(i,j+1)*(V(i,j+1))+c_q(i
                   ,j+1)*V(i,j+1)^2)+QG(i,j+1);
        LP(i,j+1) = r(i,j+1)*( P(i,j)^2+Q(i,j)^2 )/V(i,j)^2;
        LQ(i,j+1) = x(i,j+1)*( P(i,j)^2+Q(i,j)^2 )/V(i,j)^2;
            V(jj+1,1) = V(i,j+1);
            VVVV = abs(VVV - V(i,j+1));
            del_V = max(VVVVV,VVVV);
```

```
VVVVV = del_V ;
jj = jj+1;
i = jj;

for j = 1:PM(5,jj)-1                              % lateral 의 시작

    VVV = V(i,j+1);
    V(i,j+1) = (V(i,j))^2 - 2*(r(i,j+1) * P(i,j) + x(i,j+1) * Q(i,j))
                + ((r(i,j+1))^2 + (x(i,j+1))^2 ) * (((P(i,j))^2+(Q(i,j))
                ^2 )/(V(i,j)^2) );
    V(i,j+1) = sqrt(V(i,j+1));
    P(i,j+1) = P(i,j)-r(i,j+1)*((P(i,j))^2+(Q(i,j))^2)/(V(i,j))^2
                -PL(i,j+1)*(a_p(i,j+1)+b_p(i,j+1)*(V(i,j+1))+c_p(i
                ,j+1)*V(i,j+1)^2)+PG(i,j+1);
    Q(i,j+1) = Q(i,j)-x(i,j+1)*((P(i,j))^2+(Q(i,j))^2)/(V(i,j))^2
                -QL(i,j+1)*(a_q(i,j+1)+b_q(i,j+1)*(V(i,j+1))+c_q(i
                ,j+1)*V(i,j+1)^2)+QG(i,j+1);
LP(i,j+1) = r(i,j+1)*( P(i,j)^2+Q(i,j)^2 )/V(i,j)^2;
LQ(i,j+1) = x(i,j+1)*( P(i,j)^2+Q(i,j)^2 )/V(i,j)^2;
    VVVV = abs(VVV - V(i,j+1));
    del_V = max(VVVVV,VVVV);
    VVVVV = del_V ;



    if((PM(1,jj)==PM(2,jj+1)) & ( j==PM(3,jj+1)-1))
                        % lateral에 sub lateral이 있는가?
        ki_sub = i;
        kj_sub = j;

        VVV = V(i,j+1);
        V(i,j+1) = (V(i,j))^2 - 2*(r(i,j+1) * P(i,j) + x(i,j+1) *
                    Q(i,j)) + ((r(i,j+1))^2 + (x(i,j+1))^2 ) *
                    (((P(i,j))^2+(Q(i,j))^2 )/(V(i,j)^2) );
        V(i,j+1) = sqrt(V(i,j+1));
        P(i,j+1) = P(i,j)-r(i,j+1)*((P(i,j))^2+(Q(i,j))^2)/(V(i,j))^2
                    -P(jj,1)-PL(i,j+1)*(a_p(i,j+1)+b_p(i,j+1)*(V(i,
                    j+1))+c_p(i,j+1)*V(i,j+1)^2)+PG(i,j+1);
        Q(i,j+1) = Q(i,j)-x(i,j+1)*((P(i,j))^2+(Q(i,j))^2)/(V(i,j))^2
                    -Q(jj,1)-QL(i,j+1)*(a_q(i,j+1)+b_q(i,j+1)*(V(i,
```

```
                      j+1))+c_q(i,j+1)*V(i,j+1)^2)+QG(i,j+1);
LP(i,j+1) = r(i,j+1)*( P(i,j)^2+Q(i,j)^2 )/V(i,j)^2;
LQ(i,j+1) = x(i,j+1)*( P(i,j)^2+Q(i,j)^2 )/V(i,j)^2;
        V(jj+1,1) = V(i,j+1);
        VVVV = abs(VVV - V(i,j+1));
        del_V = max(VVVVV,VVVV);
        VVVVV = del_V ;

        jj = jj+1;
        i = jj;

        for   j = 1:PM(5,jj) -1                  % sub_lateral 시작

           VVV = V(i,j+1);
           V(i,j+1) = (V(i,j))^2 - 2*(r(i,j+1) * P(i,j) + x(i,j+1) *
                      Q(i,j)) + ((r(i,j+1))^2 + (x(i,j+1))^2 ) *
                      (((P(i,j))^2+(Q(i,j))^2 )/(V(i,j)^2) );
           V(i,j+1) = sqrt(V(i,j+1));
           P(i,j+1) = P(i,j)-r(i,j+1)*((P(i,j))^2+(Q(i,j))^2)/(V(i,j))
                      ^2-PL(i,j+1)*(a_p(i,j+1)+b_p(i,j+1)*(V(i,j+1)
                      )+c_p(i,j+1)*V(i,j+1)^2)+PG(i,j+1);
           Q(i,j+1) = Q(i,j)-x(i,j+1)*((P(i,j))^2+(Q(i,j))^2)/(V(i,j))
                      ^2-QL(i,j+1)*(a_q(i,j+1)+b_q(i,j+1)*(V(i,j+1)
                      )+c_q(i,j+1)*V(i,j+1)^2)+QG(i,j+1);
LP(i,j+1) = r(i,j+1)*( P(i,j)^2+Q(i,j)^2 )/V(i,j)^2;
LQ(i,j+1) = x(i,j+1)*( P(i,j)^2+Q(i,j)^2 )/V(i,j)^2;
           VVVV = abs(VVV - V(i,j+1));
           del_V = max(VVVVV,VVVV);
           VVVVV = del_V ;

        end                                    % sub_lateral for문 end

        JCC =1;
        for j = PM(5,jj):-1:2

   JC(1,1) = 1 - 2*r(i,j)*P(i,j-1)/V(i,j-1)^2 - PL(i,j)*2*( -r(i,j)
             +z(i,j)^2*P(i,j-1)/V(i,j-1)^2 )*( b_p(i,j)/(2*V(i,j))
             +c_p(i,j) );
   JC(1,2) = - 2*r(i,j)*Q(i,j-1)/V(i,j-1)^2 - PL(i,j)*2*( -x(i,j)
```

```
              +z(i,j)^2*Q(i,j-1)/V(i,j-1)^2 )*( b_p(i,j)/(2*V(i,j))
              +c_p(i,j) );
JC(1,3) = r(i,j)*( P(i,j-1)^2+Q(i,j-1)^2 )/V(i,j-1)^4 - PL(i,j)*(
          1 -z(i,j)^2*( P(i,j-1)^2+Q(i,j-1)^2 )/V(i,j-1)^4 )*(
          b_p(i,j)/(2*V(i,j))+c_p(i,j) );
JC(2,1)  = - 2*x(i,j)*P(i,j-1)/V(i,j-1)^2 - QL(i,j)*2*( -r(i,j)
              +z(i,j)^2*P(i,j-1)/V(i,j-1)^2 )*( b_q(i,j)/(2*V(i,j))
              +c_q(i,j) );
JC(2,2) = 1 - 2*x(i,j)*Q(i,j-1)/V(i,j-1)^2 - QL(i,j)*2*( -x(i,j)
              +z(i,j)^2*Q(i,j-1)/V(i,j-1)^2 )*( b_q(i,j)/(2*V(i,j))
              +c_q(i,j) );
JC(2,3) = x(i,j)*( P(i,j-1)^2+Q(i,j-1)^2 )/V(i,j-1)^4 - QL(i,j)*(
          1 -z(i,j)^2*( P(i,j-1)^2+Q(i,j-1)^2 )/V(i,j-1)^4 )*(
          b_q(i,j)/(2*V(i,j))+c_q(i,j) );
JC(3,1) = - 2*( r(i,j) - z(i,j)^2*P(i,j-1)/V(i,j-1) );
JC(3,2) = - 2*( x(i,j) - z(i,j)^2*Q(i,j-1)/V(i,j-1) );
JC(3,3) = 1 - z(i,j)^2 * ( P(i,j-1)^2+Q(i,j-1)^2 )/V(i,j-1)^4;

    JCC = JCC * JC;

  end

  J(1,1) = JCC(1,1);
  J(1,2) = JCC(1,2);
  J(2,1) = JCC(2,1);
  J(2,2) = JCC(2,2);

  H(1,1) = P(jj,PM(5,jj));
  H(1,2) = Q(jj,PM(5,jj));

  del_z = - inv(J) * H';

  P(jj,1) = P(jj,1) + del_z(1,1);
  Q(jj,1) = Q(jj,1) + del_z(2,1);

  i = ki_sub;
  j = kj_sub;

    VVV = V(i,j+1);
```

```
              V(i,j+1) = (V(i,j))^2 - 2*(r(i,j+1) * P(i,j) + x(i,j+1) *
                         Q(i,j)) + ((r(i,j+1))^2 + (x(i,j+1))^2 ) *
                         (((P(i,j))^2+(Q(i,j))^2 )/(V(i,j)^2) );
              V(i,j+1) = sqrt(V(i,j+1));
              P(i,j+1) = P(i,j)-r(i,j+1)*((P(i,j))^2+(Q(i,j))^2)/(V(i,
                         j))^2-P(jj,1)-PL(i,j+1)*(a_p(i,j+1)+b_p(i,j+1
                         )*(V(i,j+1))+c_p(i,j+1)*V(i,j+1)^2)+PG(i,j+1);
              Q(i,j+1) = Q(i,j)-x(i,j+1)*((P(i,j))^2+(Q(i,j))^2)/(V(i,
                         j))^2-Q(jj,1)-QL(i,j+1)*(a_q(i,j+1)+b_q(i,j+1
                         )*(V(i,j+1))+c_q(i,j+1)*V(i,j+1)^2)+QG(i,j+1);
LP(i,j+1) = r(i,j+1)*( P(i,j)^2+Q(i,j)^2 )/V(i,j)^2;
LQ(i,j+1) = x(i,j+1)*( P(i,j)^2+Q(i,j)^2 )/V(i,j)^2;
        V(jj,1) = V(i,j+1);

        VVVV = abs(VVV - V(i,j+1));
        del_V = max(VVVVV,VVVV);
        VVVVV = del_V ;
        t = t+1;
        jj = jj - t;
    end                 %lateral에  sub_lateral이 있는가?if문 end


    end                 %lateral for문 end
    JCC =1;

    for j = PM(5,jj):-1:2


    JC(1,1) = 1 - 2*r(i,j)*P(i,j-1)/V(i,j-1)^2 - PL(i,j)*2*( -r(i,j)
              +z(i,j)^2*P(i,j-1)/V(i,j-1)^2 )*( b_p(i,j)/(2*V(i,j))
              +c_p(i,j) );
    JC(1,2) =  - 2*r(i,j)*Q(i,j-1)/V(i,j-1)^2 - PL(i,j)*2*( -x(i,j)
              +z(i,j)^2*Q(i,j-1)/V(i,j-1)^2 )*( b_p(i,j)/(2*V(i,j))
              +c_p(i,j) );
    JC(1,3) = r(i,j)*( P(i,j-1)^2+Q(i,j-1)^2 )/V(i,j-1)^4 - PL(i,j)*(
              1 -z(i,j)^2*( P(i,j-1)^2+Q(i,j-1)^2 )/V(i,j-1)^4 )*(
              b_p(i,j)/(2*V(i,j))+c_p(i,j) );
    JC(2,1) =  - 2*x(i,j)*P(i,j-1)/V(i,j-1)^2 - QL(i,j)*2*( -r(i,j)
              +z(i,j)^2*P(i,j-1)/V(i,j-1)^2 )*( b_q(i,j)/(2*V(i,j))
```

```
                +c_q(i,j) );
JC(2,2) = 1 - 2*x(i,j)*Q(i,j-1)/V(i,j-1)^2 - QL(i,j)*2*( -x(i,j)
                +z(i,j)^2*Q(i,j-1)/V(i,j-1)^2 )*( b_q(i,j)/(2*V(i,j))
                +c_q(i,j) );
JC(2,3) = x(i,j)*( P(i,j-1)^2+Q(i,j-1)^2 )/V(i,j-1)^4 - QL(i,j)*(
                1 -z(i,j)^2*( P(i,j-1)^2+Q(i,j-1)^2 )/V(i,j-1)^4 )*(
                b_q(i,j)/(2*V(i,j))+c_q(i,j) );
JC(3,1) = - 2*( r(i,j) - z(i,j)^2*P(i,j-1)/V(i,j-1) );
JC(3,2) = - 2*( x(i,j) - z(i,j)^2*Q(i,j-1)/V(i,j-1) );
JC(3,3) = 1 - z(i,j)^2 * ( P(i,j-1)^2+Q(i,j-1)^2 )/V(i,j-1)^4;


        JCC = JCC * JC;

end

J(1,1) = JCC(1,1);
J(1,2) = JCC(1,2);
J(2,1) = JCC(2,1);
J(2,2) = JCC(2,2);


H(1,1) = P(jj,PM(5,jj));
H(1,2) = Q(jj,PM(5,jj));


del_z = - inv(J) * H';

P(jj,1) = P(jj,1) + del_z(1,1);
Q(jj,1) = Q(jj,1) + del_z(2,1);

i = ki_lat;
j = kj_lat;


VVV = V(i,j+1);
V(i,j+1) = (V(i,j))^2 - 2*(r(i,j+1) * P(i,j) + x(i,j+1) * Q(i,j))
                + ((r(i,j+1))^2 + (x(i,j+1))^2 ) * (((P(i,j))^2+(Q(i,
                j))^2 )/(V(i,j)^2) );
V(i,j+1) = sqrt(V(i,j+1));
P(i,j+1) = P(i,j)-r(i,j+1)*((P(i,j))^2+(Q(i,j))^2)/(V(i,j))^2-P
                (jj,1)-PL(i,j+1)*(a_p(i,j+1)+b_p(i,j+1)*(V(i,j+1))+c
                _p(i,j+1)*V(i,j+1)^2)+PG(i,j+1);
```

```
Q(i,j+1) = Q(i,j)-x(i,j+1)*((P(i,j))^2+(Q(i,j))^2)/(V(i,j))^2-Q
          (jj,1)-QL(i,j+1)*(a_q(i,j+1)+b_q(i,j+1)*(V(i,j+1))+c
          _q(i,j+1)*V(i,j+1)^2)+QG(i,j+1);
LP(i,j+1) = r(i,j+1)*( P(i,j)^2+Q(i,j)^2 )/V(i,j)^2;
LQ(i,j+1) = x(i,j+1)*( P(i,j)^2+Q(i,j)^2 )/V(i,j)^2;
  V(jj,1) = V(i,j+1);
  VVVV = abs(VVV - V(i,j+1));
  del_V = max(VVVVV,VVVV);
  VVVVV = del_V ;
  jj = jj+t;

end                       %main feeder에 lateral이 있는가? if문 end



end                       %main feeder for문 end
JCC=1;
for j = PM(5,1):-1:2

   i = 1;

   JC(1,1) = 1 - 2*r(i,j)*P(i,j-1)/V(i,j-1)^2 - PL(i,j)*2*( -r(i,j)
             +z(i,j)^2*P(i,j-1)/V(i,j-1)^2 )*( b_p(i,j)/(2*V(i,j))
             +c_p(i,j) );
   JC(1,2) = - 2*r(i,j)*Q(i,j-1)/V(i,j-1)^2 - PL(i,j)*2*( -x(i,j)
             +z(i,j)^2*Q(i,j-1)/V(i,j-1)^2 )*( b_p(i,j)/(2*V(i,j))
             +c_p(i,j) );
   JC(1,3) = r(i,j)*( P(i,j-1)^2+Q(i,j-1)^2 )/V(i,j-1)^4 - PL(i,j)*(
             1 -z(i,j)^2*( P(i,j-1)^2+Q(i,j-1)^2 )/V(i,j-1)^4 )*(
             b_p(i,j)/(2*V(i,j))+c_p(i,j) );
   JC(2,1) = - 2*x(i,j)*P(i,j-1)/V(i,j-1)^2 - QL(i,j)*2*( -r(i,j)
             +z(i,j)^2*P(i,j-1)/V(i,j-1)^2 )*( b_q(i,j)/(2*V(i,j))
             +c_q(i,j) );
   JC(2,2) = 1 - 2*x(i,j)*Q(i,j-1)/V(i,j-1)^2 - QL(i,j)*2*( -x(i,j)
             +z(i,j)^2*Q(i,j-1)/V(i,j-1)^2 )*( b_q(i,j)/(2*V(i,j))
             +c_q(i,j) );
   JC(2,3) = x(i,j)*( P(i,j-1)^2+Q(i,j-1)^2 )/V(i,j-1)^4 - QL(i,j)*(
             1 -z(i,j)^2*( P(i,j-1)^2+Q(i,j-1)^2 )/V(i,j-1)^4 )*(
```

```
                    b_q(i,j)/(2*V(i,j))+c_q(i,j) );
        JC(3,1) = - 2*( r(i,j) - z(i,j)^2*P(i,j-1)/V(i,j-1) );
        JC(3,2) = - 2*( x(i,j) - z(i,j)^2*Q(i,j-1)/V(i,j-1) );
        JC(3,3) = 1 - z(i,j)^2 * ( P(i,j-1)^2+Q(i,j-1)^2 )/V(i,j-1)^4;


    JCC = JCC * JC;


  end


  J(1,1) = JCC(1,1);
  J(1,2) = JCC(1,2);
  J(2,1) = JCC(2,1);
  J(2,2) = JCC(2,2);


  H(1,1) = P(1,PM(5,1));
  H(1,2) = Q(1,PM(5,1));


  del_z = - inv(J) * H';


  P(1,1) = P(1,1) + del_z(1,1);
  Q(1,1) = Q(1,1) + del_z(2,1);


  sum = abs(P(2,Nmat)+Q(2,Nmat));


  if sum <= 10^-10  ;break, end
  VVVVV = 10^-10;
  jj=1;
end                                          %main for문 end


rV = sqrt( V(1,2)^2 - 2*( R_LDC*(P(1,2))+ X_LDC*(Q(1,2)) ) );
Vr  = abs(rV) - V0;
Vcmax = max([max(V(2,1:51)),max(V(3,1:21)),max(V(4,1:11)),max(V(5,1:31))]);
Vcmin = min([min(V(2,1:51)),min(V(3,1:21)),min(V(4,1:11)),min(V(5,1:31))]);

    if ( -0.01 < Vr ) & (Vr < 0.01 ) & (Vcmax < VHd) & (Vcmin > VLd);
      break;
    else
      Pg_sum = Pg_sum - dPg;
    end
```

```
    end %%  end i2

Pgt2(i3) = Pg_sum;
end  %% end i1

Qrange = [Qrange1 Qrange2];
Pgt = [Pgt1 Pgt2];

%% 그림 출력

figure(3),plot(Qrange,Pgt,'b*-');
```

## D. 분산전원의 역률각에 대한 유효전력 도입한계량범위 산출프로그램

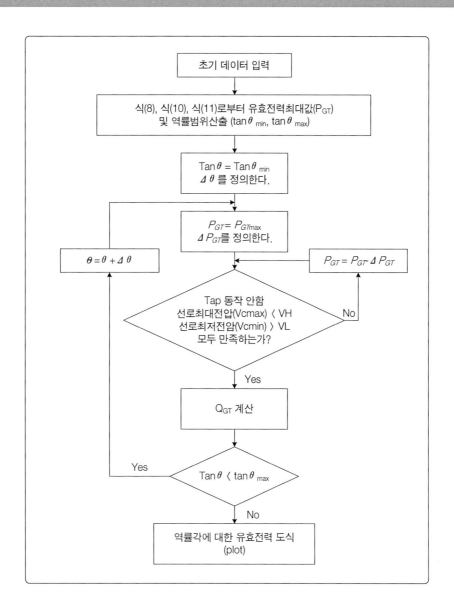

```
clear;clc;

tic
    %%%%%%%%%%%%%%%%%%%%%%%

load VR_data;
r=VR_data(1:5,:);   x=VR_data(6:10,:);   PL=VR_data(11:15,:);
QL=VR_data(16:20,:);
PG=VR_data(21:25,:);  QG=VR_data(26:30,:);  %Vold=VR_data(31:35,:);


%% peak load : 1 ; middle load : 0.625 ; light load : 0.25 ;

 I_T = 1;  %% 피크부하 : 1, 미들부하 : 0.645, 경부하 : 0.25


PL=I_T*PL; QL=I_T*QL;

VHd = ( 233/220 +0.02*I_T )*0.99839;
VLd = ( 207/220 +0.09*I_T )*0.99839;

if I_T == 1;
    Vold = VR_data(31:35,:);
    P_sum = 3.645944739242935e-001; Q_sum = 1.842367069092881e-001;
    Tap = 1.12;
  elseif I_T == 0.625;
    Vold = VR_data(36:40,:);
    P_sum = 2.268715989483636e-001; Q_sum = 1.129981993061360e-001;
    Tap = 1.08;
  elseif I_T == 0.25;
    Vold = VR_data(41:45,:);
    P_sum = 9.030626616406824e-002; Q_sum = 4.424824062217556e-002
    Tap = 1.03;
end

STap = Tap
Vbus = Vold(1,2);
Vend = Vold(5,31);

%% Determine PG %%%%%%%%%%%%%%%%%%%%%%%%%%%%%%%%%%%%%%%%%%%%%%%%%%%%%%%%%%%%%%
```

```
%% Determine PG %%%%%%%%%%%%%%%%%%%%%%%%%%%%%%%%%%%%%%%%%%%%%%%%%%%%%%%%%%%%%%%

[Mmat,Nmat] = size (PL);

%% Position Matrix
PM = [ 1    2    3    4    5    6;
       0    1    1    1    1    0;
       0    3    4    5    6    0;
       0    0    0    0    0    0;
       6   51   21   11   31    0];

a_p = ones(Mmat,Nmat); b_p = zeros(Mmat,Nmat); c_p = zeros(Mmat,Nmat);
a_q = a_p; b_q = b_p; c_q = c_p;

a_q(1,2) = 0; b_q(1,2) = 0; c_q(1,2) = 1;
XT=0.25;
Dtap=0.01;

   VH=VHd*ones(1,Nmat);   %% maximum permition limit of full load
   VL=VLd*ones(1,Nmat);   %% minimum permition limit of full load

   %% Determine the R_LDC, X_LDC and V0;

   cos_th = 8.925200127632209e-001;
   R_LDC  = 1.904481377297716e-001;
   X_LDC  = 9.623716277067178e-002;
   V0     = 9.992219475556532e-001;


   %%%%%%%%%%%%%%%%%%%%%%%%%%%%%%%%%%%%%%%%%%%%%
   %%%%%%%%%%%%%%%%%%%%%%%%%%%%%%%%%%%%%%%%%%%%%

f1s = -0.97:-0.001:-0.999;                    %% 진상역률의 범위
f2s= 1: -0.001 : 0.9;                         %% 지상역률의 범위
pfs= [f1s f2s];

[mm, m] = size(pfs);
for j=1:m;
   tanth(j) = tan(acos(pfs(j)));              %% tan 값으로 변환
 end
```

```
    [m,nt] = size(tanth);

    np=171;

    dPg = 0.001;

    for i1 = 1:nt;
       tan = tanth(i1);
       Pg_sum = 0.17;

       for i2 = 1:np;
          Qg_sum = Pg_sum*tan;

          PG(2,2)=Pg_sum; QG(2,2)=Qg_sum;



    [Mmat,Nmat] = size (PL);

    P = zeros(Mmat,Nmat); Q = zeros(Mmat,Nmat); V = zeros(Mmat,Nmat); z =
    zeros(Mmat,Nmat);

    V(1,1) =1;
    P(:,1) =0;                    % P(:,1) : 임의로 주어지는 값
    Q(:,1) =0;                    % Q(:,1) : 임의로 주어지는 값

    % errer 초기화

    del_V = 10^-10;
    VVVVV = 0;
    kkkk = 0;

    JC = zeros(3,3);
    JCC = 1;
    jj = 1;
    t = 0;


       %% Load sub program ( Calculate each load P,Q,V )
```

```
    x(1,2)= XT/Tap;
    QL(1,2) = (1-Tap)/XT;


for i =  1: Mmat
    for j = 1: Nmat
        z(i,j) =sqrt((r(i,j))^2 + (x(i,j))^2);
    end
end




for k1 = 1:100                  % main 시작



    for j = 1:PM(5,1)-1         % main feeder의 P, Q, V 값을 계산 시작  2번째 for
    t = 0;
    i = 1;
    %jj = jj+t;
    VVV = V(i,j+1);
    V(i,j+1) = (V(i,j))^2 - 2*(r(i,j+1) * P(i,j) + x(i,j+1) * Q(i,j)) +
                ((r(i,j+1))^2 + (x(i,j+1))^2 ) * (((P(i,j))^2+(Q(i,j))^2
                )/(V(i,j)^2) );
    V(i,j+1) = sqrt(V(i,j+1));
    P(i,j+1) = P(i,j)-r(i,j+1)*((P(i,j))^2+(Q(i,j))^2)/(V(i,j))^2-PL(i,
                j+1)*(a_p(i,j+1)+b_p(i,j+1)*(V(i,j+1))+c_p(i,j+1)*V(i,
                j+1)^2)+PG(i,j+1);
    Q(i,j+1) = Q(i,j)-x(i,j+1)*((P(i,j))^2+(Q(i,j))^2)/(V(i,j))^2-QL(i,
                j+1)*(a_q(i,j+1)+b_q(i,j+1)*(V(i,j+1))+c_q(i,j+1)*V(i,
                j+1)^2)+QG(i,j+1);
    LP(i,j+1) = r(i,j+1)*( P(i,j)^2+Q(i,j)^2 )/V(i,j)^2;
    LQ(i,j+1) = x(i,j+1)*( P(i,j)^2+Q(i,j)^2 )/V(i,j)^2;
    VVVV = abs(VVV - V(i,j+1));
    del_V = max(VVVVV,VVVV);
    VVVVV = del_V ;



    if ((PM(1,1)==PM(2,jj+1)) & ( j==PM(3,jj+1)-1))
                        %main feeder에서 lateral이 있는가?
```

```
     ki_lat = i;
     kj_lat = j;


VVV = V(i,j+1);
V(i,j+1) = (V(i,j))^2 - 2*(r(i,j+1) * P(i,j) + x(i,j+1) * Q(i,j)) +
           ((r(i,j+1))^2 + (x(i,j+1))^2 ) * (((P(i,j))^2+(Q(i,j))^2
           )/(V(i,j)^2) );
V(i,j+1) = sqrt(V(i,j+1));
P(i,j+1) = P(i,j)-r(i,j+1)*((P(i,j))^2+(Q(i,j))^2)/(V(i,j))^2-P(jj
           +1,1)-PL(i,j+1)*(a_p(i,j+1)+b_p(i,j+1)*(V(i,j+1))+c_p(i
           ,j+1)*V(i,j+1)^2)+PG(i,j+1);
Q(i,j+1) = Q(i,j)-x(i,j+1)*((P(i,j))^2+(Q(i,j))^2)/(V(i,j))^2-Q(jj
           +1,1)-QL(i,j+1)*(a_q(i,j+1)+b_q(i,j+1)*(V(i,j+1))+c_q(i
           ,j+1)*V(i,j+1)^2)+QG(i,j+1);
LP(i,j+1) = r(i,j+1)*( P(i,j)^2+Q(i,j)^2 )/V(i,j)^2;
LQ(i,j+1) = x(i,j+1)*( P(i,j)^2+Q(i,j)^2 )/V(i,j)^2;
  V(jj+1,1) = V(i,j+1);
  VVVV = abs(VVV - V(i,j+1));
  del_V = max(VVVVV,VVVV);
  VVVVV = del_V ;
  jj = jj+1;
  i = jj;


  for j = 1:PM(5,jj)-1                        % lateral 의 시작


    VVV = V(i,j+1);
    V(i,j+1) = (V(i,j))^2 - 2*(r(i,j+1) * P(i,j) + x(i,j+1) * Q(i,j))
               + ((r(i,j+1))^2 + (x(i,j+1))^2 ) * (((P(i,j))^2
               +(Q(i,j))^2 )/(V(i,j)^2) );
    V(i,j+1) = sqrt(V(i,j+1));
    P(i,j+1) = P(i,j)-r(i,j+1)*((P(i,j))^2+(Q(i,j))^2)/(V(i,j))^2
               -PL(i,j+1)*(a_p(i,j+1)+b_p(i,j+1)*(V(i,j+1))+c_p(i
               ,j+1)*V(i,j+1)^2)+PG(i,j+1);
    Q(i,j+1) = Q(i,j)-x(i,j+1)*((P(i,j))^2+(Q(i,j))^2)/(V(i,j))^2
               -QL(i,j+1)*(a_q(i,j+1)+b_q(i,j+1)*(V(i,j+1))+c_q(i
               ,j+1)*V(i,j+1)^2)+QG(i,j+1);
LP(i,j+1) = r(i,j+1)*( P(i,j)^2+Q(i,j)^2 )/V(i,j)^2;
LQ(i,j+1) = x(i,j+1)*( P(i,j)^2+Q(i,j)^2 )/V(i,j)^2;
    VVVV = abs(VVV - V(i,j+1));
```

```
        del_V = max(VVVVV,VVVV);
        VVVVV = del_V ;



        if((PM(1,jj)==PM(2,jj+1)) & ( j==PM(3,jj+1)-1))
                        % lateral에 sub lateral이 있는가?
          ki_sub = i;
          kj_sub = j;

          VVV = V(i,j+1);
          V(i,j+1) = (V(i,j))^2 - 2*(r(i,j+1) * P(i,j) + x(i,j+1) *
                    Q(i,j)) + ((r(i,j+1))^2 + (x(i,j+1))^2 ) *
                    (((P(i,j))^2+(Q(i,j))^2 )/(V(i,j)^2) );
          V(i,j+1) = sqrt(V(i,j+1));
          P(i,j+1) = P(i,j)-r(i,j+1)*((P(i,j))^2+(Q(i,j))^2)/(V(i,j))
                    ^2-P(jj,1)-PL(i,j+1)*(a_p(i,j+1)+b_p(i,j+1)*(V(
                    i,j+1))+c_p(i,j+1)*V(i,j+1)^2)+PG(i,j+1);
          Q(i,j+1) = Q(i,j)-x(i,j+1)*((P(i,j))^2+(Q(i,j))^2)/(V(i,j))
                    ^2-Q(jj,1)-QL(i,j+1)*(a_q(i,j+1)+b_q(i,j+1)*(V(
                    i,j+1))+c_q(i,j+1)*V(i,j+1)^2)+QG(i,j+1);
LP(i,j+1) = r(i,j+1)*( P(i,j)^2+Q(i,j)^2 )/V(i,j)^2;
LQ(i,j+1) = x(i,j+1)*( P(i,j)^2+Q(i,j)^2 )/V(i,j)^2;
          V(jj+1,1) = V(i,j+1);
          VVVV = abs(VVV - V(i,j+1));
          del_V = max(VVVVV,VVVV);
          VVVVV = del_V ;

          jj = jj+1;
          i = jj;

          for   j = 1:PM(5,jj) -1                    % sub_lateral 시작

            VVV = V(i,j+1);
            V(i,j+1) = (V(i,j))^2 - 2*(r(i,j+1) * P(i,j) + x(i,j+1) *
                      Q(i,j)) + ((r(i,j+1))^2 + (x(i,j+1))^2 ) *
                      (((P(i,j))^2+(Q(i,j))^2 )/(V(i,j)^2) );
            V(i,j+1) = sqrt(V(i,j+1));
            P(i,j+1) = P(i,j)-r(i,j+1)*((P(i,j))^2+(Q(i,j))^2)/(V(i,
                      j))^2-PL(i,j+1)*(a_p(i,j+1)+b_p(i,j+1)*(V(i,j
```

```
                           +1))+c_p(i,j+1)*V(i,j+1)^2+PG(i,j+1);
              Q(i,j+1) = Q(i,j)-x(i,j+1)*((P(i,j))^2+(Q(i,j))^2)/(V(i,j))
                         ^2-QL(i,j+1)*(a_q(i,j+1)+b_q(i,j+1)*(V(i,j+1)
                         )+c_q(i,j+1)*V(i,j+1)^2)+QG(i,j+1);
    LP(i,j+1) = r(i,j+1)*( P(i,j)^2+Q(i,j)^2 )/V(i,j)^2;
    LQ(i,j+1) = x(i,j+1)*( P(i,j)^2+Q(i,j)^2 )/V(i,j)^2;
              VVVV = abs(VVV - V(i,j+1));
              del_V = max(VVVVV,VVVV);
              VVVVV = del_V ;


         end                 % sub_lateral for문 end


         JCC =1;
         for j = PM(5,jj):-1:2


    JC(1,1) = 1 - 2*r(i,j)*P(i,j-1)/V(i,j-1)^2 - PL(i,j)*2*( -r(i,j)
              +z(i,j)^2*P(i,j-1)/V(i,j-1)^2 )*( b_p(i,j)/(2*V(i,j))
              +c_p(i,j) );
    JC(1,2) = - 2*r(i,j)*Q(i,j-1)/V(i,j-1)^2 - PL(i,j)*2*( -x(i,j)
              +z(i,j)^2*Q(i,j-1)/V(i,j-1)^2 )*( b_p(i,j)/(2*V(i,j))
              +c_p(i,j) );
    JC(1,3) = r(i,j)*( P(i,j-1)^2+Q(i,j-1)^2 )/V(i,j-1)^4 - PL(i,j)*(
              1 -z(i,j)^2*( P(i,j-1)^2+Q(i,j-1)^2 )/V(i,j-1)^4 )*(
              b_p(i,j)/(2*V(i,j))+c_p(i,j) );
    JC(2,1) = - 2*x(i,j)*P(i,j-1)/V(i,j-1)^2 - QL(i,j)*2*( -r(i,j)
              +z(i,j)^2*P(i,j-1)/V(i,j-1)^2 )*( b_q(i,j)/(2*V(i,j))
              +c_q(i,j) );
    JC(2,2) = 1 - 2*x(i,j)*Q(i,j-1)/V(i,j-1)^2 - QL(i,j)*2*( -x(i,j)
              +z(i,j)^2*Q(i,j-1)/V(i,j-1)^2 )*( b_q(i,j)/(2*V(i,j))
              +c_q(i,j) );
    JC(2,3) = x(i,j)*( P(i,j-1)^2+Q(i,j-1)^2 )/V(i,j-1)^4 - QL(i,j)*(
              1 -z(i,j)^2*( P(i,j-1)^2+Q(i,j-1)^2 )/V(i,j-1)^4 )*(
              b_q(i,j)/(2*V(i,j))+c_q(i,j) );
    JC(3,1) = - 2*( r(i,j) - z(i,j)^2*P(i,j-1)/V(i,j-1) );
    JC(3,2) = - 2*( x(i,j) - z(i,j)^2*Q(i,j-1)/V(i,j-1) );
    JC(3,3) = 1 - z(i,j)^2 * ( P(i,j-1)^2+Q(i,j-1)^2 )/V(i,j-1)^4;


         JCC = JCC * JC;
```

```
        end

        J(1,1) = JCC(1,1);
        J(1,2) = JCC(1,2);
        J(2,1) = JCC(2,1);
        J(2,2) = JCC(2,2);

        H(1,1) = P(jj,PM(5,jj));
        H(1,2) = Q(jj,PM(5,jj));

        del_z = - inv(J) * H';

        P(jj,1) = P(jj,1) + del_z(1,1);
        Q(jj,1) = Q(jj,1) + del_z(2,1);

        i = ki_sub;
        j = kj_sub;

          VVV = V(i,j+1);
          V(i,j+1) = (V(i,j))^2 - 2*(r(i,j+1) * P(i,j) + x(i,j+1) *
                      Q(i,j)) + ((r(i,j+1))^2 + (x(i,j+1))^2 ) *
                      (((P(i,j))^2+(Q(i,j))^2 )/(V(i,j)^2) );
          V(i,j+1) = sqrt(V(i,j+1));
          P(i,j+1) = P(i,j)-r(i,j+1)*((P(i,j))^2+(Q(i,j))^2)/(V(i,
                      j))^2-P(jj,1)-PL(i,j+1)*(a_p(i,j+1)+b_p(i,j+1
                      )*(V(i,j+1))+c_p(i,j+1)*V(i,j+1)^2)+PG(i,j+1);
          Q(i,j+1) = Q(i,j)-x(i,j+1)*((P(i,j))^2+(Q(i,j))^2)/(V(i,
                      j))^2-Q(jj,1)-QL(i,j+1)*(a_q(i,j+1)+b_q(i,j+1
                      )*(V(i,j+1))+c_q(i,j+1)*V(i,j+1)^2)+QG(i,j+1);
LP(i,j+1) = r(i,j+1)*( P(i,j)^2+Q(i,j)^2 )/V(i,j)^2;
LQ(i,j+1) = x(i,j+1)*( P(i,j)^2+Q(i,j)^2 )/V(i,j)^2;
        V(jj,1) = V(i,j+1);

        VVVV = abs(VVV - V(i,j+1));
        del_V = max(VVVVV,VVVV);
        VVVVV = del_V ;
        t = t+1;
        jj = jj - t;
    end                     %lateral에  sub_lateral이 있는가?if문 end
```

```
end                    %lateral for문 end
JCC =1;


for j = PM(5,jj):-1:2



JC(1,1) = 1 - 2*r(i,j)*P(i,j-1)/V(i,j-1)^2 - PL(i,j)*2*( -r(i,j)
          +z(i,j)^2*P(i,j-1)/V(i,j-1)^2 )*( b_p(i,j)/(2*V(i,j))
          +c_p(i,j) );
JC(1,2) = - 2*r(i,j)*Q(i,j-1)/V(i,j-1)^2 - PL(i,j)*2*( -x(i,j)
          +z(i,j)^2*Q(i,j-1)/V(i,j-1)^2 )*( b_p(i,j)/(2*V(i,j))
          +c_p(i,j) );
JC(1,3) = r(i,j)*( P(i,j-1)^2+Q(i,j-1)^2 )/V(i,j-1)^4 - PL(i,j)*(
          1 -z(i,j)^2*( P(i,j-1)^2+Q(i,j-1)^2 )/V(i,j-1)^4 )*(
          b_p(i,j)/(2*V(i,j))+c_p(i,j) );
JC(2,1) = - 2*x(i,j)*P(i,j-1)/V(i,j-1)^2 - QL(i,j)*2*( -r(i,j)
          +z(i,j)^2*P(i,j-1)/V(i,j-1)^2 )*( b_q(i,j)/(2*V(i,j))
          +c_q(i,j) );
JC(2,2) = 1 - 2*x(i,j)*Q(i,j-1)/V(i,j-1)^2 - QL(i,j)*2*( -x(i,j)
          +z(i,j)^2*Q(i,j-1)/V(i,j-1)^2 )*( b_q(i,j)/(2*V(i,j))
          +c_q(i,j) );
JC(2,3) = x(i,j)*( P(i,j-1)^2+Q(i,j-1)^2 )/V(i,j-1)^4 - QL(i,j)*(
          1 -z(i,j)^2*( P(i,j-1)^2+Q(i,j-1)^2 )/V(i,j-1)^4 )*(
          b_q(i,j)/(2*V(i,j))+c_q(i,j) );
JC(3,1) = - 2*( r(i,j) - z(i,j)^2*P(i,j-1)/V(i,j-1) );
JC(3,2) = - 2*( x(i,j) - z(i,j)^2*Q(i,j-1)/V(i,j-1) );
JC(3,3) = 1 - z(i,j)^2 * ( P(i,j-1)^2+Q(i,j-1)^2 )/V(i,j-1)^4;


          JCC = JCC * JC;

end


J(1,1) = JCC(1,1);
J(1,2) = JCC(1,2);
J(2,1) = JCC(2,1);
J(2,2) = JCC(2,2);

H(1,1) = P(jj,PM(5,jj));
H(1,2) = Q(jj,PM(5,jj));
```

```
del_z = - inv(J) * H';

P(jj,1) = P(jj,1) + del_z(1,1);
Q(jj,1) = Q(jj,1) + del_z(2,1);

i = ki_lat;
j = kj_lat;

VVV = V(i,j+1);
V(i,j+1) = (V(i,j))^2 - 2*(r(i,j+1) * P(i,j) + x(i,j+1) * Q(i,j))
           + ((r(i,j+1))^2 + (x(i,j+1))^2 ) * (((P(i,j))^2+(Q(i,
           j))^2 )/(V(i,j)^2) );
V(i,j+1) = sqrt(V(i,j+1));
P(i,j+1) = P(i,j)-r(i,j+1)*((P(i,j))^2+(Q(i,j))^2)/(V(i,j))^2-P
           (jj,1)-PL(i,j+1)*(a_p(i,j+1)+b_p(i,j+1)*(V(i,j+1))+c
           _p(i,j+1)*V(i,j+1)^2)+PG(i,j+1);
Q(i,j+1) = Q(i,j)-x(i,j+1)*((P(i,j))^2+(Q(i,j))^2)/(V(i,j))^2-Q
           (jj,1)-QL(i,j+1)*(a_q(i,j+1)+b_q(i,j+1)*(V(i,j+1))+c
           _q(i,j+1)*V(i,j+1)^2)+QG(i,j+1);
LP(i,j+1) = r(i,j+1)*( P(i,j)^2+Q(i,j)^2 )/V(i,j)^2;
LQ(i,j+1) = x(i,j+1)*( P(i,j)^2+Q(i,j)^2 )/V(i,j)^2;
   V(jj,1) = V(i,j+1);
   VVVV = abs(VVV - V(i,j+1));
   del_V = max(VVVVV,VVVV);
   VVVVV = del_V ;
   jj = jj+t;

end                    %main feeder에 lateral이 있는가? if문 end




end                    %main feeder for문 end
JCC=1;
for j = PM(5,1):-1:2

  i = 1;

    JC(1,1) = 1 - 2*r(i,j)*P(i,j-1)/V(i,j-1)^2 - PL(i,j)*2*( -r(i,j)
```

```
                        +z(i,j)^2*P(i,j-1)/V(i,j-1)^2 )*( b_p(i,j)/(2*V(i,j))
                        +c_p(i,j) );
            JC(1,2) = - 2*r(i,j)*Q(i,j-1)/V(i,j-1)^2 - PL(i,j)*2*( -x(i,j)
                        +z(i,j)^2*Q(i,j-1)/V(i,j-1)^2 )*( b_p(i,j)/(2*V(i,j))
                        +c_p(i,j) );
            JC(1,3) = r(i,j)*( P(i,j-1)^2+Q(i,j-1)^2 )/V(i,j-1)^4 - PL(i,j)*(
                        1 -z(i,j)^2*( P(i,j-1)^2+Q(i,j-1)^2 )/V(i,j-1)^4 )*(
                        b_p(i,j)/(2*V(i,j))+c_p(i,j) );
            JC(2,1) = - 2*x(i,j)*P(i,j-1)/V(i,j-1)^2 - QL(i,j)*2*( -r(i,j)
                        +z(i,j)^2*P(i,j-1)/V(i,j-1)^2 )*( b_q(i,j)/(2*V(i,j))
                        +c_q(i,j) );
            JC(2,2) = 1 - 2*x(i,j)*Q(i,j-1)/V(i,j-1)^2 - QL(i,j)*2*( -x(i,j)
                        +z(i,j)^2*Q(i,j-1)/V(i,j-1)^2 )*( b_q(i,j)/(2*V(i,j))
                        +c_q(i,j) );
            JC(2,3) = x(i,j)*( P(i,j-1)^2+Q(i,j-1)^2 )/V(i,j-1)^4 - QL(i,j)*(
                        1 -z(i,j)^2*( P(i,j-1)^2+Q(i,j-1)^2 )/V(i,j-1)^4 )*(
                        b_q(i,j)/(2*V(i,j))+c_q(i,j) );
            JC(3,1) = - 2*( r(i,j) - z(i,j)^2*P(i,j-1)/V(i,j-1) );
            JC(3,2) = - 2*( x(i,j) - z(i,j)^2*Q(i,j-1)/V(i,j-1) );
            JC(3,3) = 1 - z(i,j)^2 * ( P(i,j-1)^2+Q(i,j-1)^2 )/V(i,j-1)^4;


        JCC = JCC * JC;


end

J(1,1) = JCC(1,1);
J(1,2) = JCC(1,2);
J(2,1) = JCC(2,1);
J(2,2) = JCC(2,2);

H(1,1) = P(1,PM(5,1));
H(1,2) = Q(1,PM(5,1));

del_z = - inv(J) * H';

P(1,1) = P(1,1) + del_z(1,1);
Q(1,1) = Q(1,1) + del_z(2,1);

sum = abs(P(2,Nmat)+Q(2,Nmat));
```

```
    if sum <= 10^-10  ;break, end
    VVVVV = 10^-10;
    jj=1;
end

 rV = sqrt( V(1,2)^2 - 2*( R_LDC*(P(1,2))+ X_LDC*(Q(1,2)) ) );
 Vr  = abs(rV) - V0;
 Vcmax = max([max(V(2,1:51)),max(V(3,1:21)),max(V(4,1:11)),max(V(5,1:31))]);
 Vcmin = min([min(V(2,1:51)),min(V(3,1:21)),min(V(4,1:11)),min(V(5,1:31))]);

     if ( -0.01 < Vr ) & (Vr < 0.01 ) & (Vcmax < VHd) & (Vcmin > VLd);
        break;
     else
        Pg_sum = Pg_sum - dPg;
     end

   end %%  end i2


Pgts(i1) = Pg_sum;



end  %% end i1

toc

o1 = -f1s;
o2 = 2-f2s;
outk = [o1 o2];                      %% 역률(진상및지상)에 대한 관계식으로 표현하기 위함.

%% 그림 출력

figure(3),plot(outk,Pgts,'r*-');
```

## E 분산전원과 선로손실과의 관계해석 (program source)

```
#loss of th transmission line, when the DSG inject the network
#initial value              [MVA]base = 100MVA

#                           [KV]base = 22.9kV

#                           [ohm]base = 5.2441 ohm
#distance between the node : 2km
#capacity of the load(SL) : 0.08 + j0.04 [p.u.] %
#number of the load : 9
#line impedance : 0.182 + j0.391 [ohm/km]

clc,clear,clf;
format long;

r_line=0.007;              # 선로 저항 [p.u.]
x_line=0.015;              # 선로 인덕턴스 [p.u.]

PL = 0.08, QL = 0.04;      # 부하용량 [p.u.]

PG_start = 0;              # 분산전원
QG_start = 0;                투입량 [p.u]
del_PG = 0.06;
del_QG = 0.03;
PG_end = 0.66;
QG_end = 0.33;

PG=PG_start:del_PG:PG_end;
QG=QG_start:del_QG:QG_end;

JJ=eye(2);

for i=1:40;
   for j=1:10;
```

```
    P(1)=1;
    Q(1)=1;
    V(1)=1;
    for k=1:10;
        for a=2:9;
           P(a)=P(a-1)-r_line*(P(a-1)^2+Q(a-1)^2)/V(a-1)^2-PL;
           Q(a)=Q(a-1)-x_line*(P(a-1)^2+Q(a-1)^2)/V(a-1)^2-QL;

V(a)=sqrt(V(a-1)^2-2*(r_line*P(a-1)+x_line*Q(a-1))+(r_line^2+
        x_line^2)*(P(a-1)^2+Q(a-1)^2)/V(a-1)^2);    #NODE의 P, Q, V 계산
        end

        P(10)=P(9)-r_line*(P(9)^2+Q(9)^2)/V(9)^2-PL+PG(i);
        Q(10)=Q(9)-x_line*(P(9)^2+Q(9)^2)/V(9)^2-QL+QG(j);

V(10)=sqrt(V(9)^2-2*(r_line*P(9)+x_line*Q(9))+(r_line^2+x_line^2)*
        (P(9)^2+Q(9)^2)/V(9)^2);                #10번째 NODE의 P, Q, V 계산

        for b=10:2
           J(1,1)=1-2*r_line*P(b-1)/(V(b-1)^2); #Jacobian Matrix
           J(1,2)=-2*r_line*Q(b-1)/(V(b-1)^2);
           J(2,1)=-2*x_line*P(b-1)/(V(b-1)^2);
           J(2,2)=1-2*x_line*Q(b-1)/(V(b-1)^2);
           JM=JM*J;
        end

        H=[P(10);Q(10)];

        del_z=-inv(JM)*H;

        P(1)=P(1)+del_z(1,1);
        Q(1)=Q(1)+del_z(2,1);
        error=abs(P(10)+abs(Q(10)));
        JM=eye(2);

        if error<10^(-7), break, end

    end
```

```
      for c=1:9;
          P_loss(c)=r_line*(P(c)^2+Q(c)^2)/V(c);
      end

      Ploss(i,j)=sum(P_loss);
      x(i,j)=PG(i);
      y(i,j)=QG(j);

   end
end

Ploss
mesh(x,y,Ploss)
xlabel('PG')
ylabel('QG')
zlabel('P loss')

temp1=min(Ploss);
temp2=min(temp1);
[ro,col]=size(Ploss);
Ploss_min=[temp2,0,0];
for i=1:ro
   for j=1:col
      if temp2==Ploss(i,j);
         Ploss_min(2)=i*del_PG;
         Ploss_min(3)=j*del_QG;
         break
      end
   end
end
Ploss_min
```

# 참 고 문 헌

[01] J. Kim et al.: "methods of Determining the introduction Limit of Dispersed Generation Systems in A Distribution System from the Viewpoint of Voltage Regulation", *IEE Japan, Trans.*, Vol.16-B, No.12, pp.1461-1469, 1996

[02] Turan G nen: Electric Power Distribution System Engineering, McGraw-Hill series in electrical engineering, McGraw-Hill, New York, 1986

[03] Electric Association Group in Japan: "The Regulation and Management of Distribution Voltage", report, Vol.24,No.4, 1968.(In Japanese)

[04] Barker, P.P. De Mello, R.W.: "Determining the Impact of Distributed Generation on Power Systems: Part 1 - radial Distribution Systems", *Power Engineering Society Summer Meeting, 2000. IEEE*, Volume: 3, Page(s): 1645-1656

[05] Ljubomir Kojovic, "Impact of DG on voltage regulation" *IEEE Power Engineering Society Summer Meeting*, 2002 Volume 1, Page(s): 97-102

[06] Bletterie, B, Brunner H.: "Solar shadows" *Power Engineer*, Volume 20, Issue 1, Feb.-March 2006 Page(s):27-29

[07] N. Pogaku, T.C. Green, "Harmonic mitigation throughout a distribution system: a distributed-generator-based solution" *IEE Proc.-Gener. Transm. Distrib.*, Vol. 153, No. 3, May 2006, Page(s):350-358

[08] Richard E. Brown, Lavelle A. A. Freeman: "Analyzing the Reliability Impact of Distributed Generation" *Power Engineering Society Summer Meeting, 2001. IEEE*, Volume: 2, Page(s): 1013-1018

[09] IEEE Std 929-2000, IEEE Recommended Practice for Utility Interface of Photovoltaic (PV) Systems, 2000

[10] ANSI/IEEE Std 1001-1988, IEEE Guide for Interfacing Dispersed Storage and Generation Facilities with Electric Utility Systems, 1988

[11] IEEE Std 1547-2003, IEEE Standard for Interconnecting Distributed REsources with Electric Power Systems, 2003

[12] IEEE Std 519-1992, IEEE Recommended Practices and Requirements for Harmonic Control in Electrical Power Systems, 1993

[13] IEEE Std 1453-2004, IEEE Recommended Practices for Measurement and Limits of

Voltage Fluctuations and Associated Light Flicker on AC Power Systems, 2005

[14] IEEE Std C57.12.44-2005, IEEE Standard Requirements for Secondary Network Protectors, 2006

[15] IEEE P1547.1, Draft Standard for Conformance Tests Procedures for Equipment Interconnecting Distributed Resources with Electric Power Systems

[16] IEEE P1547.2, Draft Application Guide(provides technical background on technology and application issues)

[17] IEEE P1547.3, Draft Guide For Monitoring, Information Exchange, and Control of Distributed Resources Interconnected with Electric Power Systems

[18] IEEE P1547.4, Draft Guide For Design, Operation, and Integration of Distributed Resource Island Systems with Electric Power Systems.

[19] Roger C. Dugan, Thomas S. Key, Greg J. Ball, "Distributed Resources Standards" *Industry Applications Magazine, IEEE*, Volume: 12, Issue 1, Jan.-Feb., 2006 Page(s): 27-34

[20] Thomas S. Basso, Richard DeBlasio, "IEEE 1547 Series of Standards: Interconnection Issues" *IEEE Transactions on Power Electronics*, Volume: 19, No. 5, September 2004 Page(s): 1159-1162

[21] R.C.: McDermott, T.E: "Distributed Generation" *Industry Applications Magazine, IEEE* Volume 8, Issue 2, March-April 2002 Page(s): 19-25

[22] Joon-Ho Choi, Jae-Chul Kim, Seung-Il Moon, "The Inter-tie Protection Schemes of the Utility Interactive Dispersed Generation Units for Distribution Automatic Reclosing" *KIEE International Transactions on PE*, Vol. 2-A, No. 4, pp. 166-173, 2002

[23] Sukumar M. Brahma, Adly A. Girgis, "Development of Adaptive Protection Scheme for Distribution Systems With High Penetration of Distributed Generation" *IEEE Transactions on Power Delivery*, Vol. 19, No. 1, January 2004

[24] Sung-Il Jang, Kwang-Ho Kim, "An Islanding Detection method for Distributed Generations Using Voltage Unbalance and Total Harmonic Distortion of Current" *IEEE Transaction on Power Delivery*, Vol. 19, No. 2, April 2004

[25] Hernandez-Gonzalez, G., Lravani, R., "Current Injection for Active Islanding Detection of Eletronically-interfaced Distributed Resources" *IEEE Transactions on Power Delivery*, Vol. 21, Issue. 3, July 2006, Page(s) 1120-1127

[26] Masters, C. L., "Voltage rese: the big issue when connecting embedded generating

to long 11kV overhead lines" *Power Engineering Journal*, Vol. 16, Issue 1, Feb. 2002, Page(s): 5-12

[27] Joon-Ho Choi, Jae-Chul Kim :   Advanced Voltage Regulation method of Power Distribution Systems Interconnected with Dispersed Storage and Generation Systems, *IEEE Trans. on Power Delivery*. Vol. 16, No.2, pp.329-334. April 2001

[28] Joon-Ho Choi, Jae-Chul Kim "Evaluation of Interconnection Capacity of Dispersed Storage and Generation Systems to the Power Distribution Systems from viewpoint of Voltage Regulation" *TENCON 99. Proceedings of the IEEE Region 10 Conference* Volume 2, 15-17 Sept 1999 Page(s) 1438-1441

[29] Tae-Eung Kim, Jae-Eon Kim: "A method of Determining the Introduction Limit of Distributed Generation  System in Distribution System", *Power Engineering Society Summer Meeting, 2001. IEEE*, Volume: 1 , 2001 Page(s): 456 -461

[30] Gareth P. Harrison, A . Robin Wallace, "Maximising Distributed Generation Capacity in Deregulated Markets" *Transmission and Distribution Conference and Exposition, 2003 IEEE PES* Volume 2, 7-12 Sept. 2003 Page(s) 527-530

[31] Walid El-Khattam, Kankar Bhattacharya, Yasser Hegazy, M. M. A. Salama, "Optimal Investment Planning for Distributed Generation in a Competitive Electricity Market" *IEEE Transactions on Power System*, Vol. 19, No. 3, August 2004

[32] V. Calderaro, A. Piccolo and P. Siano, "Maximizing DG Penetration in Distribution Networks by means of GA based Reconfiguration" *Future Power Systems, 2005 International Conference* on 16-18 Nov. 2005 Page(s) 1-6

[33] Sree L. Payyala, Tim C. Green, "Sizing of Distributed Generation Plant Through Techno-Economic Feasibility Assessment" *Power Engineering Society General Meeting, 2006, IEEE*, 18-22, June 2006 Page(s):1-8

[34] Public Utility Commission of Texas, Distributed Generation Interconnection Manual

[35] Bradley W. Johnson, Independent Energy Advisor, "Implementing IEEE 1547 as an Interconnection Standard in PJM"

[36] M.E.Baran, F.F.Wu, "Optimal sizing of capacitors placed on a radial distribution system", *IEEE Trans. on Power Delivery*, Vol. 4, No. 1, January 1989.

[37] 곽도일, 김재언, "배전계통에서의 새로운 Distflow method에 대한 연구", *대한전기학회논문지*, 제49권, 7호, pp.365-368, 2000, 6

[38] 한국전력공사, 설계기준II(배전분야), 1997.

[39] M. S. Calovic, "Modeling and Analysis of Under-Load Tap-Changing Transformer Control System". *IEEE Trans. on Power Apparatus and Systems*. Vol. PAS-103. No.7, pp.1909-1915. July 1984.

[40] N. Dinic, B. Fox, D. Flynn, L. Xu and A. Kennedy, "Increasing wind farm capacity" *IEE Proc.-Gener. Transm. Distrib.*, Vol. 153, No. 4, July 2006

[41] H. H. Zeineldin, Ehab F. El-Saadany, M. M. A. Salama, "Impact of DG Interface Control on Islanding Detection and Nondetection Zones" *IEEE Transactions on Power Delivery*, Vol. 21, No. 3, July 2006

[42] Dugan, R.C.; McDermott, T.E. "Operating Conflicts for Distributed Generation on Distribution Systems", *Rural Electric Power Conference*, 2001 Page(s): A3/1 -A3/6

[43] 김태응, 김재언 "배전계통에 도입되는 분산전원의 운전가능범위결정에 관한 연구" *대한전기학회논문지* 제51권, 제2호, pp.93-101, 2002, 2

[44] 김재언, 조성현, "분산전원이 도입된 복합배전계통의 운용방안에 대한 고찰" *대한전기학회논문지*, 제48권, 6호, pp.692-698, 1999. 6.

[45] H.H. Zeineldin, Ehab F. EI-Saadany, M. M. A. Salama: "Impact of DG Interface Control on Islanding Detection and Nondetection Zones" *IEEE Transation on Power Delevery*, Vol 21, NO. 3, July 2006

[46] H. Kirkham, R. Das: "Effects of Voltage Control in Utility Interactive Dispersed Storage and Generation Systems" *IEEE Transaction on Power Apparatus and System*, Vol. PAS-103, No. 8, August 1984

[47] Walid EI-Khattam, Y. G. Hegazy, M. M. A. Salama: "An Integrated Distributed Generation Optimization Model for Distribution System Planning" *IEEE Transaction on Power Systems*, Vol. 20, No. 2, May 2005

[48] Joon-Ho Choi, Jae-Chul Kim, Seung-Il Moon: "Integrating Operation of Dispersed Generation to Automation Distribution Center for Distribution Network Reconfiguration" *KIEE International Transactions on PE*, Vol. 2-A, No. 3, 102-108(2002)

[49] Hun Shim, Jung-Hoon Park, In-su Bae, Jin-O Kim: "Optical Capacity and Allocation of Distributed Generation by Minimum Operation Cost in Distribution Systems" *KIEE International Transactions on Power Engineering*, Vol. 5-A No. 1, pp. 9~15, 2005.

[50] Sang-Min Yeo, Il-Dong Kim, Chul-Hwan Kim, Raj Aggarwal: "Analysis of the System Impact of Distributed Generation using EMTP" *KIEE International*

*Transactions on PE*, Vol. 4-A No. 4, pp.201-206, 2004

[51] In-Su Bae, Jin-O Kim, Jae-Chul Kim, C. Singh: "Optimal Operating Stategy for Distributed Generation Considering Hourly Reliablity Worth" *IEEE Transactions on Power Systems* Vol. 19, No. 1, February 2004.

[52] Graham W. Ault, James R. McDonald: "Planning for Distributed Generation within Distribution Networks in Restructured Electricity Markets" *IEEE Power Engineering Review*, February 2000.

[53] Thomas Ackermann, Goran Andersson, Lennart Soder: "Electricity Market Regulations and their Impact on Distributed Generation" *International Conference on Electric Utility Deregulation and Restructuring and Power Technologies* 2000, April 2000.

[54] Nouredine Hadjsaid, Jean-Francois Canard, Frederic Dumas: "Dispersed Generation increases the complexity of controlling, protecting, and maintaining the distribution systems" *IEEE Computer Applications in Power*. 25-28, April 1999.

[55] 노경수: "계통에 연계된 태양전지-연료전지 복합 전력시스템에 대한 제어기 설계" *대한전기학회논문지* 47권 7호 1998년 7월

[56] Pogaku, N., Green, T.C. "Harmonic mitigation throughout a distribution system: a distributed solution" *Generation, Transmission and Distribution, IEE Proceedings* Volume 153, Issue 3, 11 May 2006 Page(s) 350-358

[57] Chen, Z., Blaagjerg, F. Pedersen J.K "Harmonic resonance damping with a hybrid compensation system into dispersed generation" *Power Electronics Specialists Conference, 2004*, PESC 04. 2004 IEEE 35 Volume 4, 2004 Page(s) 3070-3076

[58] Wenqiang He, Nee, H.P "Current Harmonics Analysis of the DG Interconnection by Medeling" *Transmission and Distribution Conference and Exhibition: Asia and Pacific* 15-18 Aug. 2005 Page(s) 1-4

[59] Sung-Il Jang, Kwang-Ho Kim "An Islanding Detection method for Distributed Generations Using Voltage Unbalance and Total Harmonic Distortion of Current" *IEEE Transactions on Power Delivery*, Vol 19, No. 2, April 2004.

[60] Girgis, A.; Brahma, S.; "Effect of distributed generation on protective device coordination in distribution system" *Power Engineering, 2001. LESCOPE '01. 2001 Large Engineering Systems Conference* on 11-13 July 2001 Page(s):115-119

[61] Joon-Ho Choi, jae-Chul Kim and Seung-Il Moon: "Inter-tie protection schemes of the utility interactive dispersed generation units for distribution automatic

reclosing" *KIEE International Transactions on PE*, Vol. 2-A, No. 4 pp.166-173, 2002

[62] Gomez, J.C.; Morcos, M.M.: "Specific energy concept applied to the voltage sag ride-through capability of sensitive equipment in DG embeded systems" *IEEE Transactions on Power Delivery*, Volume 18, Issue 4, Oct. 2003 Page(s):1590-1591

[63] Brahma, S.M.; Girgis, A.A: "Development of adaptive protection scheme for distribution system with high penetration of distributed generation" *IEEE Transactions on Power Delivery*, Volume 19, Issue 1, Jan. 2004 Page(s):56-63

[64] Sung-Il Jang, Kwang-Ho Kim, Yong-Up Park 외 6인: "Adaptive setting method for the overcurrent relay of distribution feeders considering the interconnected distributed generations" *KIEE International Transactions on Power Engineering*, Vol. 5-A, No. 4, pp.357-365, 2005

[65] Sung-Il Jang, Duck-Su Lee, Jung-Hwan Choi 외 4인, "Application of fault location method to improve protect-ability for distributed generations" *Journal of Electrical Engineering and Technology*, Vol. 1, No. 2, pp.137-144, 2006

[66] Sedghisigarchi, K., Feliachi, A.: "Impact of fuel cells on load-frequency control in power distribution systems" *IEEE Transactions on Energy Conversion*, Volume 21, Issue 1, March 2006 Page(s):250-256

[67] Vieira, J.C.M.; Freitas, W.; Wilsun Xu; Morelato, A. "Performance of frequency relay for distributed generation protection" *IEEE Transactions on Power Delivery*, Volume 21, Issue 3, July 2006 Page(s):1120-1127

[68] Hernandez-Gonzalez, G.; Iravani, R.; "Current injection for active islanding detection of electronically-interfaced distributed resources" *IEEE Transactions on Power Delivery*, Volume 21, Issue 3, July 2006 Page(s):1698-1705

[69] Vieira, J.C.M.; Freitas, W.; Wilsun Xu; Morelato, A.; "Efficient coordination of ROCOF and frequency relays for distribution protection by using the application region" *IEEE Transactions on Power Delivery*, Volume 21, Issue 4, Oct. 2006 Page(s):1878-1884

[70] Salman, S.K.; Jiang, F.; Rogers, W.J.S.; "Investigation of the operating strategies of remotely connected embedded generators to help regulating local network voltage" *Opportunities and Advances in International Electric Power Generation, International Conference on*(Conf. Publ. No. 419) 18-20 March 1996 Page(s):180-185

[71] Salman, S.K.; "The impact of embedded generation on voltage regulation and losses of distribution networks" *IEE Colloquium on the Impact of Embedded Generation on*

*Distribution Networks* (Digest No. 1996/194), 15 Oct. 1996 Page(s):2/1-2/5

[72] Ijumba, N.M.; Jimoh, A.A.; Nkabinde, M.; "Influence of distribution generation on distribution network performance" *IEEE AFRICON*, 1999 Volume 2, 28 Sept.-1 Oct. 1999 Page(s):961-964 vol.2

[73] Daeseok Rho; Kita, H.; Hasegawa, J.; Nishiya, K.; "A study on the optimal voltage regulation methods in power distribution systems interconnected with dispersed energy storage and generation systems" *International Conference on Energy Management and Power Delivery*, 1995. Proceedings of EMPD '95., 1995 Volume 2, 21-23 Nov. 1995 Page(s):702-707 vol.2

[74] Kauhaniemi Kimmo, Komulainen Risto, Kumpulainen Lauri, Olof Samuelsson. "Distributed generation-new technical solutions required in the distribution system" *NORDAC 2004, Nordic Distribution and Asset Management Conference 2004*

[75] Gomez, J.C., Morcos, M.M., "Coordination voltage sag and overcurrent protection in DG systems" *IEEE Transactions Power Delivery*, Volume 20 Jan 2005

[76] 일본 북해도전력, 분산전원 계통연계 기술검토 지침, 2002

# 찾 아 보 기

● 김 재 언(金在彦)

_1959년 7월 17일생.
_1982년 한양대 공대 전기공학과 졸업.
_1984년 동 대학원 전기공학과 졸업(석사).
_1984년 3월 1일 ～ 1998년 8월 31일 한국전기연구원 선임연구원/배전연구팀장 근무.
_1996년 일본 교토대 전기공학과 졸업(공박). 배전계통운용, MW급 전지전력저장시스템_설계 및 운용, 분산
  전원 계통연계 해석 및 운용, 복합발전시스템, 자율분산배전계통, 전력품질 해석 및 진단, 마이크로그리드/
  스마트그리드 설계 및 운용 등의 연구분야에 종사.
_1987년 과기처 장관상 수상, 1995년도 일본 일본전기학회 전력·에너지부문대회 우수논문발표대상 수상.
_2011년 12월 지식경제부 장관상 수상. 현재, 충북대학교 전자정보대학 전기공학부 교수.
_Tel : 043-261-2423, Fax: 043-261-3191
_E-mail : jekim@chungbuk.ac.kr

# 분산전원 배전계통 전압해석

초판 1쇄 ｜ 2012년 8월 27일

저 자 ｜ 김재언
발행인 ｜ 모흥숙
편 집 ｜ 유아름·정경화

발행처 ｜ 내하출판사
등 록 ｜ 제6-330호
주 소 ｜ 서울 용산구 후암동 123-1
전 화 ｜ TEL : (02)775-3241～5
팩 스 ｜ FAX : (02)775-3246

E-mail ｜ naeha@unitel.co.kr
Homepage ｜ www.naeha.co.kr

ISBN ｜ 978-89-5717-372-5
정 가 ｜ 18,000

* 책의 일부 혹은 전체 내용을 무단 복사, 복제, 전제하는 것은 저작권법에 저촉됩니다.
* 낙장 및 파본은 구입처나 출판사로 문의 주시면 교환해 드리겠습니다.